パルスレーザーによる

化学反応の時間分解計測

過渡吸収測定

日本化学会［編］

宮坂　博
五月女 光［著］
石橋 千英

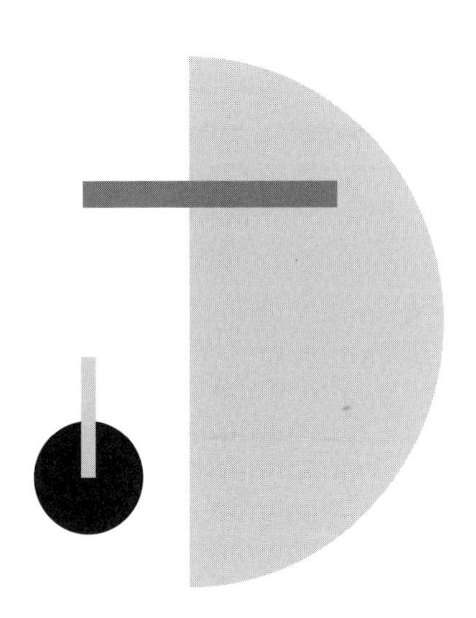

共立出版

『化学の要点シリーズ』発刊に際して

現在，我が国の大学教育は大きな節目を迎えている．近年の少子化傾向，大学進学率の上昇と連動して，各大学で学生の学力スペクトルが以前に比較して，大きく拡大していることが実感されている．これまでの「化学を専門とする学部学生」を対象にした大学教育の実態も大きく変貌しつつある．自主的な勉学を前提とし「背中を見せる」教育のみに依拠する時代は終焉しつつある．一方で，インターネット等の情報検索手段の普及により，比較的安易に学修すべき内容の一部を入手することが可能でありながらも，その実態は断片的，表層的な理解にとどまってしまい，本人の資質を十分に開花させるきっかけにはなりにくい事例が多くみられる．このような状況で，「適切な教科書」，適切な内容と適切な分量の「読み通せる教科書」が実は渇望されている．学修の志を立て，学問体系のひとつひとつを反芻しながら咀嚼し学術の基礎体力を形成する過程で，教科書の果たす役割はきわめて大きい．

例えば，それまでは部分的に理解が困難であった概念なども適切な教科書に出会うことによって，目から鱗が落ちるがごとく，急速に全体像を把握することが可能になることが多い．化学教科の中にあるそのような，多くの「要点」を発見，理解することを目的とするのが，本シリーズである．大学教育の現状を踏まえて，「化学を将来専門とする学部学生」を対象に学部教育と大学院教育の連結を踏まえ，徹底的な基礎概念の修得を目指した新しい『化学の要点シリーズ』を刊行する．なお，ここで言う「要点」とは，化学の中で最も重要な概念を指すというよりも，上述のような学修する際の「要点」を意味している．

本シリーズの特徴を下記に示す．

1）科目ごとに，修得のポイントとなる重要な項目・概念などをわかりやすく記述する．
2）「要点」を網羅するのではなく，理解に焦点を当てた記述をする．
3）「内容は高く」，「表現はできるだけやさしく」をモットーとする．
4）高校で必ずしも数式の取り扱いが得意ではなかった学生にも，基本概念の修得が可能となるよう，数式をできるだけ使用せずに解説する．
5）理解を補う「専門用語，具体例，関連する最先端の研究事例」などをコラムで解説し，第一線の研究者群が執筆にあたる．
6）視覚的に理解しやすい図，イラストなどをなるべく多く挿入する．

本シリーズが，読者にとって有意義な教科書となることを期待している．

『化学の要点シリーズ』編集委員会
井上晴夫（委員長）
池田富樹　伊藤　攻　岩澤康裕　上村大輔
佐々木政子　高木克彦　西原　寛

まえがき

化学反応の経路や機構を詳細に解明するためには，その開始から終了までの間に生成・減衰する化学種の種類およびその物質量の時間変化を検出・解析することが必要となる．数時間から，ときには数日以上の時間を要する反応に対しても，NMR や IR などの測定による反応の実時間追跡は日常的に行われており，温度や圧力，また反応物や溶媒などを変えて同様の実験を繰り返すことによって，反応の経路や機構，また各素過程の支配因子などに関する知見が得られてきた．

しかし，多くの反応過程の中には生成しても非常に短時間に減衰する化学種も存在する．1949 年に Norrish と Porter が開発したフラッシュホトリシス法は，このような短寿命化学種の検出のための画期的方法であった．時間幅の短いフラッシュ光で試料を照射して中間体を生成し，遅延時間を設けて別のフラッシュ光で測定した中間体化学種のスペクトルを基にその同定を行い，これらの時間変化から反応経路を決定する方法は，当時の反応追跡の時間分解能を飛躍的に向上させ，多くの不安定化学種の検出を可能とした．この励起光パルスを用いた測定法は，1960 年代初頭のパルスレーザーの発明以降，その時間分解能の向上とともに，電子スペクトルのみならず種々の測定・検出法に応用され発展してきた．これらの測定法の多様化に伴い，その対象も単に化学反応の機構解明のみならず，多くの光誘起・応答過程へと大きく応用範囲を広げている．このように現在では多くの時間分解手法が利用可能となっているが，時間分解電子スペクトル測定は原理的にはすべての化学種を検出可能であるという特長を持つので，Norrish，Porter の最初のフラッシュホトリシス法の開発以来，化学反応ダイナミクスの直接的検出に対して中心的手法として利用されてきた．

本書では過渡吸収測定として知られる時間分解電子スペクトル測定の原理や解析法，また応用例を概説している．現在では，安定な短パルスレーザー光源，また過渡吸収測定装置も市販されており，特に専門的知識や技術がなくても，比較的容易に測定を行うことが可能となっている．一方，過渡吸収測定のための励起パルスレーザーの出力は他の測定と比較して高出力の場合も多く，非線形光学過程や吸収の飽和などの留意する点も多い．本書では，これらの点についても言及している．時間分解計測手法を用いて研究を行っている方のみならず，これから応用を考えておられる多くの方々の参考になれば幸いである．

2023 年 3 月

著者

目　次

第１章　パルス光を用いた時間分解測定：歴史と現状 … 1

第２章　過渡吸収測定の一般的原理と測定・解析法 …… 5

2.1　過渡吸収測定の一般的な原理と励起光源 …… 5
2.2　モニター光源と検出系 …… 8
2.3　過渡吸光度とスペクトル …… 11
2.3.1　過渡吸光度の計算 …… 11
2.3.2　迷光の影響 …… 15
2.4　過渡吸収スペクトルの同定 …… 18
2.4.1　電子励起分子の緩和過程 …… 18
2.4.2　中間体の同定方法 …… 22
2.5　過渡吸光度の励起光強度依存性 …… 28
2.6　中間体のモル吸光係数の決定 …… 31
2.7　データ解析法 …… 34
2.7.1　スペクトルの成分解析 …… 34
2.7.2　時間変化の解析 …… 37
2.7.3　グローバル解析 …… 43

第３章　ナノ秒より長い時間領域の測定 …… 47

3.1　ナノ秒より長い時間領域の過渡吸収測定装置 …… 47
3.2　過渡吸収信号の測定手順 …… 50
3.3　ナノ秒より長い時間領域の過渡吸収の測定例 …… 53

3.3.1　解離イオン種の反応過程の検出……………………　53
3.3.2　分子内反応過程の測定　………………………………　58

第4章　ピコ秒・フェムト秒時間領域の過渡吸収測定　…　65

4.1　ピコ秒・フェムト秒領域の過渡吸収測定装置…………　65
4.2　モニター光パルスと検出器　……………………………　68
4.3　パルス白色光の群速度分散　……………………………　71
4.4　過渡複屈折と過渡吸収二色性　…………………………　75
4.4.1　過渡複屈折・過渡二色性の測定光学系………………　76
4.4.2　過渡複屈折の測定例　……………………………………　82
4.5　電子状態緩和，振動緩和によるスペクトル変化…………　84
4.6　非共鳴同時2光子吸収による励起状態の生成……………　88
4.7　ピコ秒，フェムト秒時間領域の過渡吸収の測定例………　90
4.7.1　ポリマーフィルム系の電子移動初期過程の直接的検出　91
4.7.2　広い時間領域で進行するラジカル解離過程の測定と解析………………………………………………………………　94

第5章　固体・粉末系の過渡吸収測定……………………　107

5.1　拡散反射法による過渡吸収測定　……………………… 107
5.1.1　拡散反射型過渡吸収測定の光学系と特徴…………… 107
5.1.2　有機微結晶粉末試料の拡散反射法による過渡吸収測定例…………………………………………………………… 112
5.2　顕微過渡吸収測定……………………………………………… 114
5.2.1　顕微過渡吸収測定の光学系と特徴…………………… 114
5.2.2　集光スポットより小さい試料の顕微過渡吸収測定　… 117
5.2.3　顕微過渡吸収の単一微結晶のダイナミクス測定への応

用 ········ 119
5.2.4　顕微過渡吸収装置の高空間分解イメージングへの応用 120

文　献 ········ 129

索　引 ········ 132

コラム目次

1. 新しいサブナノ秒過渡吸収測定システム：その特徴と応用例 62
2. 時間分解ラマン分光 ………………………………… 99
3. 過渡吸収の時間変化に現れるビート信号の解析 ………… 101
4. 3パルスフォトンエコーの測定………………………… 103
5. 時間分解X線回折・散乱法 ……………………………… 123
6. 単一分子の超高速時間分解蛍光計測…………………… 125

第1章

パルス光を用いた時間分解測定：歴史と現状

1949年から50年にかけてNorrishとPorterは，高強度フラッシュ光（パルス光）による光化学反応[1]と反応中間体を分光的手法により直接的に測定する方法[2]を報告した．このフラッシュホトリシス法の開発以来，光パルスを励起光源として中間体を時間分解測定により直接検出する手法は，不安定化学種の同定，光照射により進行する化学反応や物理的な緩和過程の研究に広く用いられてきた．NorrishとPorterは，このパルス光を用いた時間分解計測手法の開発により，温度ジャンプ法の開発者であるEigenとともに“短時間エネルギーパルスによる均衡擾乱を用いた高速化学反応の研究”として1967年にノーベル化学賞を受賞している．

NorrishとPorterの最初の手法ではフラッシュランプを光源として用いていたので，その時間分解能はマイクロ秒からミリ秒程度であったが，1960年のレーザーの発明以来，Qスイッチレーザー，また1964年にはモード同期レーザーが開発され，これらのレーザーをパルス光源として応用することにより，時間分解能もナノ秒からピコ秒へと著しく向上した．またモニター光源としてパルスレーザーを集光することにより得られるパルス白色光（super-continuum）が1970年に開発され，ピコ秒程度の高い時間分解で幅広い波長範囲のスペクトルを測定できるようになった[3]．現在ではレーザーパルス技術の進歩により，安定な波長可変レーザーを用いたフェムト秒領域の測定も比較的容易に行われるとともに，アト秒領域の時間分解能を持つ測定も可能となっている[4,5]．これらの時間分解測定手法の進歩とともに，電子スペクトルのみならず，蛍光や燐光などの発光，赤外やラマン（Raman）のような振動分光，ESR（電子スピン共鳴），NMR（核磁気共鳴）等の計測，またSTM（走査型トンネル顕微鏡）などのプローブ顕微鏡測定に対しても直接的な時間分解検出が可能となっている．

これらの多くの時間分解測定手法の中でも，紫外–近赤外域をモニター波長範囲とする時間分解電子スペクトル測定手法は“過渡吸収分光法”と呼ばれ，光誘起化学反応における中間体の検出，反応機構の解明に中心的な手法として用いられてきた．その理由のひとつは，電子スペクトル測定では，原理的に励起状態，基底状態，イオン，ラジカルイオン，中性ラジカルなどすべての化学種の検出が可能であることが挙げられる．広い波長範囲をスペクトルとして測定し，他の手法によって選択的に生成させた化学種のスペクトルと比較することにより，反応中間体の同定を行うことが可能になる．この中間体の特性波長における時間変化やスペクトルの解析から反応速度や反応機構に関する知見を，さらに中間体のモル吸光係数が既知の場合には反応の収率を求めることも可能となる．

また，赤外振動分光や，ESR，NMR等の測定と比較すると，より時間分解能の高い測定が可能であることも過渡吸収分光法の特徴である．電子スペクトルの観測波長範囲である紫外から近赤外領域は，赤外や，ESR，NMR等に用いる電磁波よりは高周波数に対応する．通常は測定に用いる電磁波の周期より短い時間分解能を得ることは困難であるので，高い周波数を持つ分光測定では，高い時間分解能が原理的には可能となる．実際に紫外から可視域では，数フェムト秒程度の時間分解能の測定も可能となっている．

一方，すべての中間体は固有の電子スペクトルを持つので，時間分解電子スペクトルにも多くの化学種の信号が現れる．そのため多くの化学種のスペクトルが重なり，中間種の同定が困難となる場合もある．しかし，たとえば発光の時間依存性の測定からは，蛍光状態（一重項励起状態，S_1 状態）などの発光種のダイナミクスを選択的に観測できるので，これらの結果を相補的に用いることによって，過渡吸収スペクトルの同定や時間変化の解析を行うことも可能となる．

このような理由から，時間分解電子スペクトル（過渡吸収）測定は，光反応・光応答のダイナミクスやメカニズムの総合的な知見を得るための必須の手法として用いられてきた．一方，過渡吸収信号は励起の有無に依存したモニター光の「差」の検出を基本とするため，蛍光測定のようにバックグランドとなる信号が存在しない計測と比較すると，高い励起光強度が必要となる．そのため，多光子吸収や多重励起などの非線形過程が進行する場合も多い．したがって，正しいデータの取得のためには，これらの寄与を定量的に見積もり，その影響を除いた解析が必要となる．本書では，測定の原理，解析法，非線形過程，また応用例を中心に，過渡吸収測定について概説する．

第2章

過渡吸収測定の一般的原理と測定・解析法

2.1 過渡吸収測定の一般的な原理と励起光源

過渡吸収測定は，フェムト秒からミリ秒，また時には数時間以上の長い時間域で進行するスペクトルや吸光度の変化の追跡のために使用される．図 2.1 には過渡吸収測定装置の基本的なブロックダイアグラムを示した．パルス光源によって試料を励起し，励起した時刻からの遅延時間 τ における電子スペクトルや特定波長の吸光度の時間依存性を検出する点は共通であるが，観測時間域に応じて，異

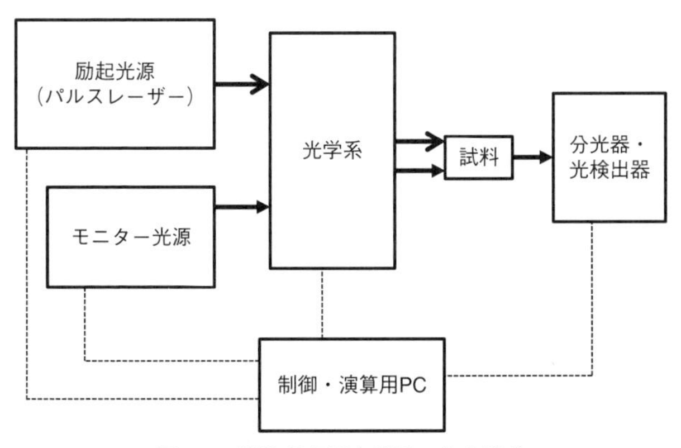

図 2.1　過渡吸収測定装置の基本構成

なる光源，光学系，検出系，制御系を選択する必要がある．また，検出光学系などは，均一溶液，均一固体や固体粉末，界面などの測定対象試料にも依存する．この章では，主に溶液系等の透過光の測定が可能な系を対象として，励起光とモニター光源，検出系の概略，過渡吸光度の計算方法，過渡吸収信号やスペクトルの同定に必要となる光励起分子の一般的な挙動，スペクトルの同定の方法などについて述べる．測定時間領域や試料に依存した光学系，光検出系，制御系の詳細については第3章以降に示す．

励起光源としては主にパルスレーザーが用いられる．表2.1にはよく用いられるパルスレーザーの波長，パルス幅，エネルギー，繰り返し周波数などを示した．ここに示した値は，あくまでも代表的なものであり，これらを超える値を持つものも存在する．QスイッチYAGレーザーの高調波（532，355，266 nm）は数ナノ秒から10 ns程度の時間幅を持つ代表的なパルス励起光源として利用されるとともに，OPO（光学パラメトリック発振器）を組み合わせて波長域を拡大したシステムも用いられている．エキシマーレーザーは工業的な加工などにも広く利用されており，紫外部の波長域において大きな出力を得ることができるナノ秒光源である．種々の気体を用いることによって，いくつかの波長を選択できる．特にフッ素（F_2）を使用した場合には（原理的にはエキシマーレーザーとは異なるが），真空紫外光領域の157 nmを出力波長とするナノ秒パルスを得ることが可能である．QスイッチYAGレーザーやエキシマーレーザーを励起源とした色素レーザーも，使用波長域の拡大のために用いられている．特に波長幅（エネルギー幅）の狭いナノ秒レーザー光源が必要な場合には，色素レーザーシステムも用いられる．

ピコ秒程度のパルス光源としては，主にモード同期Nd^{3+}:YAGレーザーが広く用いられる．QスイッチNd^{3+}:YAGレーザーと同

表 2.1 過渡吸収測定のために用いられるレーザー光源の例

レーザー	パルス幅	波長	出力／パルス	繰り返し周波数
Nd^{3+}:YAG (Q スイッチ)	5–15 ns	1064 nm (ω), 532 nm (2ω), 355 nm (3ω), 266 nm (4ω)	10 mJ–数 J	約 1–数 kHz
Nd^{3+}:YAG + OPG (Q スイッチ)	5–15 ns	400 nm–3 μm (高調波や和周波，差周波を用いれば，より広範囲の波長域の使用が可能)	1 mJ–約 100 mJ	約 1–数 kHz
エキシマー	10–30 ns	157 nm (F_2) 193 nm (ArF) 248 nm (KrF) 308 nm (XeCl) 351 nm (XeF)	1 mJ–数 J	1–数 kHz
Nd^{3+}:YAG (Q スイッチ モードロック)	10–30 ps	1064 nm (ω), 532 nm (2ω), 355 nm (3ω), 266 nm (4ω)	1 mJ–100 mJ	約 1–数 kHz
Nd^{3+}:YAG + OPA (Q スイッチ モードロック)	10–20 ps	400 nm–3 μm (高調波や和周波，差周波を用いれば，より広範囲の波長域の使用が可能)	0.2–2 mJ	1–100 Hz
Ti:Sapphire (oscillator)	10–100 fs	700–1100 nm (ω)	1–10 nJ	80–100 MHz
Ti:Sapphire (cavity-dumped)	10–100 fs	700–1000 nm (ω)	10–50 nJ	10 kHz–MHz
Ti:Sapphire (amplified)	30–150 fs	750–900 nm (ω)	1 μJ–3 mJ	1–200 kHz
Ti:Sapphire (amplified) + OPA	15–150 fs	250 nm–10 μm (高調波，和周波，差周波)	1–100 μJ	1–30 kHz
Cr: forsterite (cavity-dumped)	15–150 fs	1200–1300 nm (ω) 600–650 nm (2ω)	10–20 nJ 4–8 nJ	3–200 kHz
Yb:Fiber (oscillator)	$<$ 300 fs	約 1560 nm (ω) 780 nm (2ω)	3 nJ 1 nJ	50 MHz
Yb:KGW (oscillator)	$<$ 200 fs	1030 nm	20 nJ	50 MHz

ω は基本波を，$n\omega$ は第 n 高調波を示す．

様に高調波（532，355，266 nm），あるいは色素レーザーやOPG（光学パラメトリック発生）と組み合わせることによって，出力波長域を拡大することができる．

フェムト秒領域のパルス光源としても，いくつかのレーザーが開発・市販されている．これらの中でも，チタンサファイヤ（Ti:Sapphire）レーザーは安定な発振が得られること，また種々の増幅器も用意されていることから，広く用いられている．OPA（光学パラメトリック増幅）やNOPA（非同軸OPA）と組み合わせることにより，紫外から赤外にわたる広い波長範囲で短時間パルスを得ることができる．またOPAの周波数帯域を狭めることによって，ピコ秒パルス光を発生することも可能である．

測定試料や観測時間域，また繰り返し周波数にも依存するが，過渡吸収測定に必要な励起用レーザー光出力は，せいぜい1 mJ / パルス以下であり，光劣化が少ない系や光反応の起こらない試料で多数回の積算が可能な場合には，数nJ/パルス程度の出力の励起光でも過渡吸収信号を取得することが可能となる．

2.2　モニター光源と検出系

過渡吸収信号を得るために用いるモニター光源は，時間的に連続したCW（continuous wave）光とパルス光の2つに大別できる．CW光を用いる場合には，光電子増倍管とオシロスコープのように時間分解能を持つ光検出装置を用いる．この場合，時間分解能は励起光のパルス幅のみならず，これらの検出機器の応答時間にも依存する．一方，パルス光をモニター光として用いる場合には，励起光の照射後，遅延時間をおいて試料をモニターする手法を用いる．基本的に検出系には時間分解能は必要ではなく，主に励起およびモニ

表 2.2 過渡吸収測定で用いられる代表的なモニター光源と検出系

モニター光源	光源の点灯時間	検出系	測定時間領域
Xe ランプ	連続 (パルスキープアライブ)	分光器＋光電子増倍管 分光器＋フォトダイオード オシロスコープ	ナノ秒以降
Xe ランプ	パルス	分光器＋ MCPD 分光器＋ CCD	マイクロ秒以降
レーザー	連続	光電子増倍管 フォトダイオード オシロスコープ	ナノ秒以降
レーザー	パルス	フォトダイオード	フェムト秒 ピコ秒，ナノ秒
スーパーコンチニュウム光	パルス	分光器＋ MCPD 分光器＋ CCD	フェムト秒 ピコ秒，ナノ秒

ター光のパルス幅によって時間分解能が決定される．CW モニター光源は主にナノ秒より長い時間領域における測定に用いられることが多く，一方，パルスモニター光源は，ピコ秒，フェムト秒時間領域の測定のように，電子機器の応答時間以下の時間分解測定が必要な場合に用いられることが多い．これらの特徴は表 2.2 に示した．

スペクトル（波長）的にも連続な CW 光源としては，150 W 程度の出力の Xe ランプがよく使用される．Xe ランプからは約 200 nm 程度の紫外部から 2 μm 程度の近赤外域まで広い範囲の出力が得られる．ただし紫外から可視部の測定の場合には，Xe ランプの出口に光路長 10 cm 程度の水の入ったセルを置き，近赤外から赤外の波長域の光をカットして試料の温度上昇を抑えることが必要となる．近赤外光のみならず，連続光源を照射し続けることによる試料の劣化を抑えるために，適宜シャッターを設置し測定のときだけ試料にモニター光が照射されるようにする．光学系の詳細は第 3 章で示す．

波長は限られるが，CW レーザーをモニター光として用いることも可能である．レーザー光は小さなスポットに集光できるので，光学系の組み立てが容易になる．ただしレーザーによっては，出力が短時間（数マイクロ秒）から長時間（数秒から数時間）で変動するものもあるので，注意が必要となる．

時間幅が数マイクロ秒程度の市販のパルス Xe ランプは，励起後，数マイクロ秒以降の時間分解スペクトルの測定には有効な光源となる．この場合には分光器とラインセンサー（Multichannel Photodiode Array：MCPD，あるいは Charge Coupled Device：CCD）を組み合わせた検出器を用い，モニター光のパルス点灯時刻をデジタルディレイ（Digital Delay）等の電気回路を用いて設定し，励起用のパルスレーザーの照射時刻からの遅延時間を決定して測定を行う．

ピコ秒やフェムト秒の時間領域の過渡吸収測定のためのモニター光としては，電気回路や検出器の時間分解能の制限から，通常時間幅の短いパルス光を用いる．励起光とモニター光のジッター（時間差の揺らぎ）をなくすために，励起光源と同じレーザーシステムから得られるパルスレーザー光や，このレーザー光をパラメトリックシステムによって波長変換したパルス光，あるいはこれらのレーザー光を種々の物質に集光し，非線形効果によって発生するパルス白色光（super-continuum）が利用される．観測時間を決定するためには光学遅延台（optical variable delay line）と呼ばれるパルスモーター駆動型の一次元のステージを利用し，励起あるいはモニターレーザーパルスの光路長を変化させ，励起とモニターパルス光に対して相対的な光路差 ΔL を与え，$\tau = \Delta L/c$ の遅延時間を得る（c は光速）．これらの光学系の詳細は第 4 章で述べる．

2.3　過渡吸光度とスペクトル

2.3.1　過渡吸光度の計算

通常，過渡吸光度（ΔA）は，励起しなかったときに試料を透過したモニター光強度 I_0' と励起したときのモニター光強度 I から，ランベルト・ベール（Lambert-Beer）の式（式 (2.1)）を用いて計算する．この式はモニター光強度が無限に弱い条件で成り立つ式なので，正確な過渡吸光度を得るためにはモニター光強度は励起光と比べて数百分から数千分の一以下である必要がある．

$$\Delta A = \log\left(\frac{I_0'}{I}\right) \tag{2.1}$$

通常の吸光度（A）は，試料に入射前のモニター光強度を I_0 として以下の式で与えられる．ε_g および c_g は基底状態分子のモル吸光係数および濃度，また L は試料セルの光路長である．

$$A = \log\left(\frac{I_0}{I_0'}\right) = \varepsilon_g C_g L \tag{2.2}$$

光吸収により生成した励起分子の濃度を $C_e = \alpha C_g$ とすると，試料に入射前のモニター光強度 I_0 を用いた吸光度（A'）は以下の式で与えられる．ここで α は励起された割合を示し（$0 < \alpha \leq 1$），ε_e は励起状態（中間状態）分子のモル吸収係数である．

$$\begin{aligned} A' = \log\left(\frac{I_0}{I}\right) &= \varepsilon_e \alpha C_g L + \varepsilon_g (1-\alpha) C_g L \\ &= (\varepsilon_e - \varepsilon_g)\alpha C_g L + \varepsilon_g C_g L \end{aligned} \tag{2.3}$$

式 (2.2) と式 (2.3) から過渡吸光度は

$$\Delta A = (\varepsilon_e - \varepsilon_g)\alpha C_g L = A' - A \tag{2.4}$$

と与えられることがわかる．以上の式は，光励起された割合 α が試料中を通過するモニター光の光軸に沿った位置 x（$0 \leq x \leq L$）に依存せず一定の場合に対応するが，励起光とモニター光が同軸に照射される光学系では，α は試料セル中の位置 x に依存した値となる．また，簡単のため上の式では生成する中間体を1種類としたが，多種の中間体が生成した場合にも基本的には同様に与えられる．それぞれの中間体の濃度を時間の関数とした一般式を以下に示す．

$$\Delta A = (\varepsilon_{e1} - \varepsilon_g) \cdot C_1(t)L + (\varepsilon_{e2} - \varepsilon_g) \cdot C_2(t)L + (\varepsilon_{e3} - \varepsilon_g) \cdot C_3(t)L + \cdots\cdots \quad (2.5)$$

式 (2.4) や式 (2.5) からもわかるように，過渡吸光度の正負は中間体と基底状態のモル吸光係数の大小に依存する．なお，$\Sigma C_i(t)/C_g$ は式 (2.3) や式 (2.4) の α に対応する．

上述の関係は観測波長すべてにおいて成り立つので，過渡吸収スペクトルにも同様の関係が存在する．図2.2（a）のような定常状態の吸収スペクトルを持つ試料を光励起すると，励起された分子の濃度（αC_g）に対応して基底状態の吸収スペクトルが減少する（図2.2（b）の点線）．一方，生成した励起分子による吸収が新たに現れる

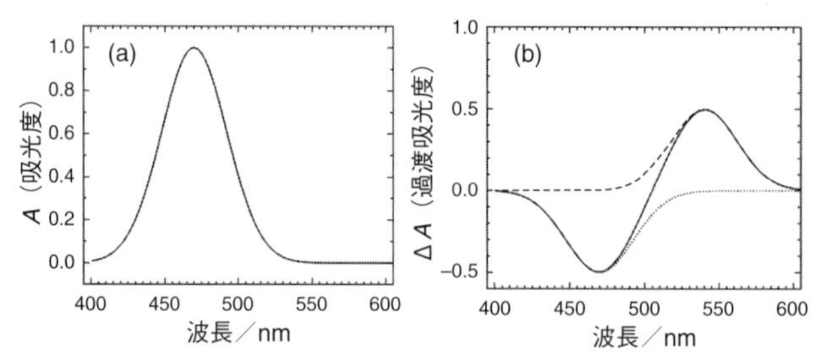

図2.2　定常吸収スペクトル（a）と過渡吸収スペクトル（b）との関係

（破線）．この 2 つの寄与によって，得られる過渡吸収スペクトルは，図 2.2 (b) の実線として与えられる．すなわち，前述のように過渡吸収スペクトルは励起したときとしなかったときの差スペクトルとして得られる．また，励起分子や過渡種の濃度に依存するような反応，また多光子過程などが存在しなければ，ある遅延時間における過渡吸収スペクトルの形状は，励起光強度には依存しない．

このように過渡吸光度は励起光があるときとないときの差として信号が与えられるとともに，吸収自体が，試料の有無の差から得られるので，透過光を必要としない発光の時間変化などの測定と比べると検出感度は低くなる．そのため，発光測定よりは多量の中間体濃度が必要となるため，高い出力の励起光が必要になる場合が多い．もちろん多数回の積算によって S/N 比は向上できるので，弱い励起光強度でも過渡吸収信号を検出することは原理的には可能である．たとえば 10–100 kHz 程度の高繰り返しレーザーを用いた場合，過渡吸光度として $\Delta A = 10^{-7}$〜10^{-8} 程度の微弱な信号を測定できる．しかし中間体寿命が長く励起パルスの繰り返し時間の間にすべてが減衰しないような場合や光反応が起こる場合には，高繰り返し励起による多数回の積算は困難であり，レーザー光源にも長時間にわたる高い安定性が要求される．また検出系としても，小さい吸光度を得るために，A/D 変換のビット数が大きな機器を選択するなど注意が必要である．

図 2.3 に示すように，大別すると過渡吸収測定では励起光とモニター光が同軸に試料に導入される場合と直交させた場合の 2 つの光学配置が用いられる．直交させた場合は，シリンドリカルレンズなどを用いて励起光を集光して試料セルに導かれる．この光学配置では，直交して導入されるモニター光に対して，試料内の光路のどの位置でも励起された分子の濃度は同じとなる（式 (2.3) や式 (2.4) に

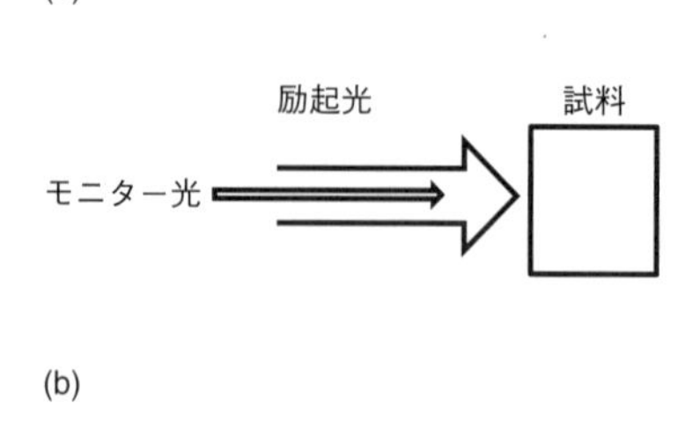

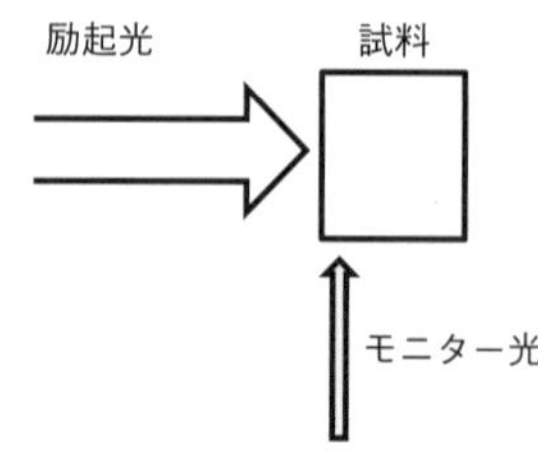

図 2.3　励起光とモニター光の光学配置
(a) 同軸型　(b) 直交型

ける α が一定)．したがって二次反応などの励起分子や中間体の濃度に依存した時間変化が起こる場合には，この直交配置を用いることが望ましい．しかし光速と屈折率から考えると，1 cm の光路長を通過する時間は約 50 ps 程度となる．すなわち試料に入射した直後と試料を出る直前のモニター光が励起された部分を検出する遅延時間には 50 ps 程度の時間差が生じる．したがってこの直交配置は，この光学配置で生じる 50 ps 程度の遅延時間差が無視できるナノ秒からマイクロ秒の過渡吸収測定で用いられる場合が多い．

一方，ピコ秒やフェムト秒の測定ではモニターする遅延時間における 50 ps 程度の時間差は無視できない．そのため，この時間領域では同軸型の光学配置を用いる．さらに，屈折率は波長に依存するので励起光とモニター光が異なる波長であれば，試料内部における両パルス光の進行速度も異なり時間分解能が低下する．したがって，数十～100 fs 以下の時間分解能が必要な場合には，試料の光路長も0.5～1 mm 以下と短くする必要がある．

励起光の吸収は試料の表面から起こるので，光吸収によって生成した励起分子の濃度は光路の各位置で異なる．ランベルト・ベール則にしたがって光吸収が起こる場合は，各位置での濃度を見積もることも可能である．しかし，2.5 節で示すように過渡吸収測定の励起条件では，励起パルス中に生成した励起分子による励起光の吸収（内部フィルター効果）や励起による基底状態分子の減少の影響を無視できない場合も多く，一般的には光路に沿った各位置での濃度を正確に見積もることは困難である．同軸型の光学配置では，光路に沿った位置 x でのモニター光 $I(x)$ の吸収は式 (2.6) で表される．

$$\mathrm{d}I(x) = -I(x)(\varepsilon_e - \varepsilon_g)C_g\alpha(x)\mathrm{d}x \tag{2.6}$$

ここで $I(x)$，$\alpha(x)$ は，位置 x におけるモニター光強度および励起された割合であり，光路長にわたって積分された値として実際の過渡吸光度は得られる．

2.3.2 迷光の影響

過渡吸収測定では，励起された空間領域を正確にモニターすることが必須である．そのために，同軸型光学系では図 2.4（a）に示すように，励起光の試料位置でのスポットサイズがモニター光のサイズより大きくなるとともに，試料内の光路長全体でこの条件が保たれるように光学系を調整する．実際には，励起光は試料表面から数 mm の手前で焦点を結ぶように，モニター光は試料表面程度が焦点となるように調整する場合が多い．しかし図 2.4（b，c）に示すよう

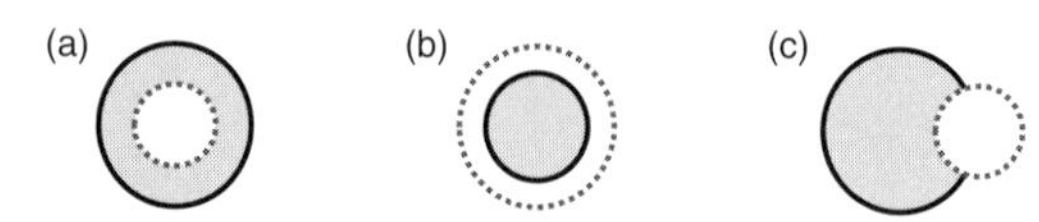

図 2.4　試料位置における励起光（実線）とモニター光（点線）のスポットサイズと重なり

(a) 迷光の影響のない場合.
(b) 迷光の影響がある場合（励起光のスポットサイズがモニター光より小さい）.
(c) 迷光の影響がある場合（モニター光が励起していない所を通過）.

に，モニター光のスポットサイズが励起光のサイズより大きい場合や光軸がずれている場合は，励起光のスポットからはみ出した部分が迷光となり，正しい吸光度が得られない．励起光のスポットからはみ出した部分の光強度を a，励起光のスポットをモニターした光強度を I'_0，I' とする．正しい過渡吸光度は式 (2.7) で与えられるが，

$$\Delta A_0 = \log\left(\frac{I'_0}{I'}\right) \tag{2.7}$$

実際の測定から得られる過渡吸光度は，

$$\Delta A_{\mathrm{s}} = \log\left(\frac{I'_0 + a}{I' + a}\right) \tag{2.8}$$

となる．この迷光の全体の光強度に対する割合，$a/(I'_0 + a)$ と，正しい吸光度の関係を図 2.5 に示した．この図からわかるように，ΔA が大きくなるとともに，また a が大きくなるとともに，正しい吸光度からのずれは大きくなる．

さらに，実際の励起光のスポットは図 2.4 に示した円の中で一様な強度は持たず，一般的には中心付近では光強度が大きい．このような強度分布も迷光と同様な効果を及ぼす．これらの詳細な見積もりもなされている [6]．これらのことを勘案して，実際の測定では，

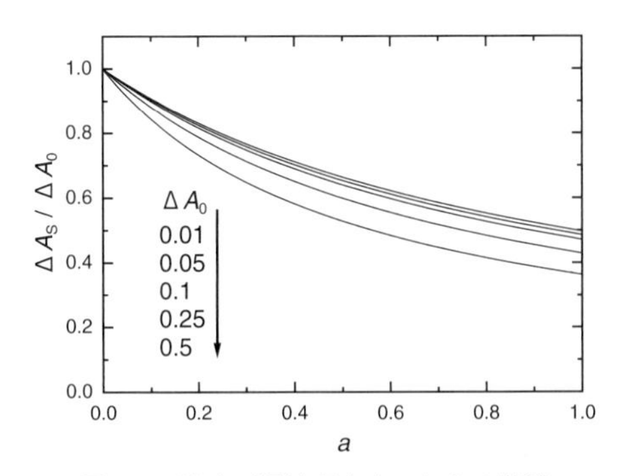

図 2.5 迷光が過渡吸光度に与える影響

ΔA_0 は迷光のないときの過渡吸光度．$\Delta A_{\rm S}$ はモニターに対して迷光の寄与がある場合の過渡吸光度．$\Delta A_{\rm S} = \log\{(I_0 + aI_0)/(I + aI_0)\}$ であり，励起された部分を通過する I_0 に対して，aI_0 が迷光として作用する．

ある程度励起光のスポットを大きくし，モニター光をその中心だけに集光するように留意する．また1つのスペクトルの中では，過渡吸光度の大きい（モル吸光係数の大きい）吸収バンドの方が，迷光の影響が大きい．したがって，文献値などから正確な過渡吸収スペクトルが既知の系を参照資料としてスペクトルを測定し，モル吸光係数の大きい波長の過渡吸光度の値と小さい値の吸光度の比を確認し，迷光の影響を判断する．実際の例として，励起後 100 ps におけるピレンのヘキサン溶液の $\mathrm{S_n} \leftarrow \mathrm{S_1}$ 吸収の測定結果を図 2.6 に示す．実線は迷光のない場合の測定例であり，468 nm と 508 nm の吸収ピークの吸光度の比は 1.78 程度の値となる．一方，迷光の影響がある場合には，この比は小さくなってしまう．点線は図 2.5 の a が 0.2 の場合の結果であり，全体の吸光度が減少するとともに，この比も 1.65 と小さくなる．このような場合には，励起光とモニター光のオーバーラップを調整して 1.78 程度になるようにする必要がある．

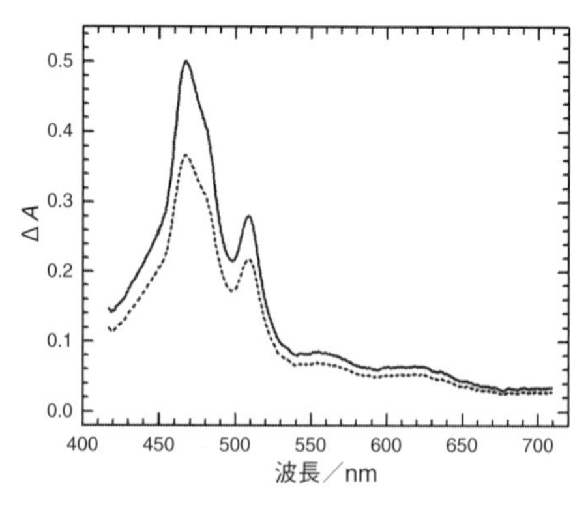

図 2.6　ピレンの $S_n \leftarrow S_1$ 吸収スペクトルに与える迷光の影響
迷光の影響がない場合（実線），迷光の寄与がある場合（$a = 0.2$）（点線）.

2.4　過渡吸収スペクトルの同定

反応機構に関する情報を得るためには，まず測定された過渡吸収スペクトルを同定する必要がある．通常の分子では，定常状態の電子スペクトル（紫外可視吸収スペクトル）から，励起波長の光吸収によって生成する電子状態を知ることができる．光励起されて生成した電子励起状態分子は，他分子との反応などを行わない場合にも種々の緩和過程を行い基底状態に戻る．スペクトルの同定のためには，まず，これら励起分子の緩和過程とその概ねの時間スケールを知ることが必要となる．

2.4.1　電子励起分子の緩和過程

図 2.7 にはヤブロンスキー図（Jablonski diagram）として励起分子の諸状態と状態間の遷移を示した．光吸収は励起波長の一周期程度の非常に短い時間で起こり，紫外光から可視光の波長範囲では

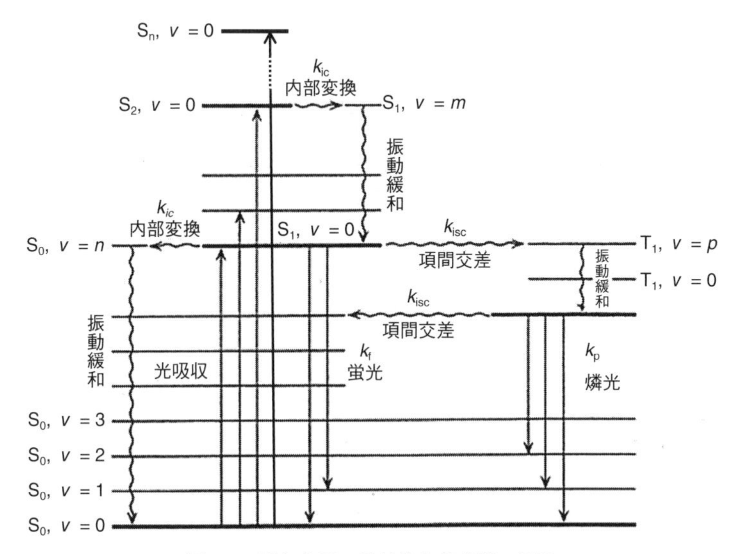

図 2.7 励起分子の諸状態と状態間の遷移

数フェムト秒（10^{-15} 秒）以内である．この時間は分子振動の周期と比べると，1/10 から 1/100 程度の短い時間であるため，励起された直後の分子（励起フランク-コンドン（Franck-Condon）状態）は励起前と同じ核配置を持つ（垂直遷移）．通常の分子は，基底状態では一重項（S_0）状態にあるので，光励起直後の電子状態は励起一重項（S_n）状態となる．原子数が 10〜20 以上の分子では S_2 や S_3 等の高い励起状態が生成しても，蛍光は最低電子励起状態（通常は S_1 状態）から発せられる（カシャ（Kasha）の法則）．これは S_n から S_1 状態への電子状態間の無輻射遷移（内部変換）が，非常に迅速に進行するためである．この時定数は分子の大きさやエネルギー差にも依存するが，S_n から S_1 状態への内部変換は，多くの場合サブピコ秒（10^{-13} 秒）の時間オーダーで進行する．カシャの法則は溶液や固体系のような凝縮系だけでなく，気相においても比較的多くの原子からなる分子では $S_1 \to S_0$ の発光しか観測されないことを示す．ただし励起状態の寿命の間に他分子の衝突が起こらないような低圧の気相中では，振動エネルギーの散逸（エネルギー緩和）が進行しないので，S_n 状態から内部変換によって生成した S_1 状態の高い振動状態から S_0 への発光が観測される．いずれにせよ，原子数が 10〜20 以上の分子では，外部からの摂動がなくても，S_n 状態から S_1 状態への遷移が迅速に進行する [7]．

S_1 の最低振動状態に励起した場合を除き，電子励起に伴い分子の振動状態も励起される．たとえば S_2 の最低振動状態に励起された場合でも，S_1 への内部変換が起これば結果的に S_1 状態の高い振動状態が生成する．この特定の振動状態は迅速に分子内の他の低い周波数を持つ振動モードに分配される．この振動エネルギーの分配過程は，分子内振動再分配過程（Intramolecular Vibrational Redistribution：IVR）と呼ばれ，分子の大きさやエネルギーに大きく依存するが，10〜20 以上の原子からなる分子ではサブピコ〜ピコ秒程度の時間で進行する [8]．溶液や固体のような凝縮系では，この振動エネルギーは励起分子周囲の媒体分子に数ピコ（10^{-12}）秒から数十ピコ秒の時間スケールで散逸し，媒体の温度と平衡の振動状態を持つ S_1 状態の励起分子が生成する（クーリング過程）．この IVR と余剰エネルギーの散逸を含めた過程を振動緩和過程と呼ぶ．周囲の媒体と熱平衡にある S_1 状態が蛍光状態であり，室温では分子の振動エネルギーは通常小さな値であるので，近似的には S_1 の最低振動状態が蛍光状態となる．

励起分子と基底状態分子は異なる電子構造を持つので平衡核間距

離も多かれ少なかれ異なる．そのため励起分子の構造と基底状態分子の構造には違いが生じる．さらに励起状態の分子の双極子モーメントが基底状態と異なる場合には，周囲の媒体分子の配向も変化する．このような分子構造の変化や媒体の再配向過程は，分子運動を伴う過程であるため媒体の粘性にも強く依存する．室温付近の通常の粘性を持つ溶液では，溶媒和緩和の時間はサブピコ秒から数十ピコ秒以内である．一般に蛍光状態とは，振動緩和に加え分子構造の変化や周囲の媒体の配向変化を含めて緩和した S_1 状態を示す．以上のように，高い電子励起状態から S_1 状態への内部変換緩和，振動緩和や構造変化，あるいは溶媒和などの蛍光状態への緩和は，概ねサブピコ秒から数十ピコ秒の時間で進行する．

蛍光状態分子は，一般的には，図 2.7 に示すように蛍光輻射過程（fluorescence process：f）と無輻射過程（内部変換，internal conversion：ic）による基底状態への遷移，および，三重項状態（triplet state）への項間交差過程（intersystem crossing：isc）を行う．これらのそれぞれの速度定数の和（$k_\mathrm{f} + k_\mathrm{i} + k_\mathrm{isc}$）の逆数が蛍光寿命（$\tau_\mathrm{f}$）である．自然寿命は，輻射過程の速度定数の逆数，$1/k_\mathrm{f}$ として定義される．なお蛍光収量は，$\Phi_\mathrm{f} = k_\mathrm{f} \cdot \tau_\mathrm{f}$ と与えられる．多くの分子の蛍光状態寿命（蛍光寿命）は，数ナノ秒（10^{-9} 秒）から 100 ns 程度であり，他分子との間で起こる分子間光反応の多くは蛍光状態や次に述べる燐光状態において進行する．多くの物質の蛍光寿命や蛍光収量については，いくつかの本にまとめられている [9,10]．また最近では，積分球を用いて正確に蛍光収量を決定することも可能となっている．蛍光寿命や蛍光収量は温度や媒体に依存する値であり，多くの場合，低温になると蛍光寿命は長くなる．

燐光状態は通常の分子では最低三重項状態に対応する．一般には，スピン多重度の異なる電子状態間の発光を燐光と呼び，同じ多重度間のものを蛍光と呼ぶ．スピン多重度の異なる電子状態間の遷移は禁制であり，燐光状態は長寿命となる．燐光状態は，蛍光状態からの項間交差の後，振動緩和や構造あるいは溶媒和緩和の必要な場合にはこのような過程を経た（疑似）平衡状態を示す．また，スピン多重度としては，基底状態が一重項状態のものでは，三重項状態であり，$\mathrm{T_1}$ 状態と呼ばれる．$\mathrm{T_1}$ 状態の分子も蛍光状態と同様に，燐光輻射過程および無輻射過程によって基底状態へ戻る．燐光寿命 τ_p は（$k_\mathrm{p}+k_\mathrm{isc}$）の逆数であり，また燐光収量は $\Phi_\mathrm{p}=k_\mathrm{p}\cdot\tau_\mathrm{p}$ として与えられる．一般に燐光寿命は，マイクロ秒からミリ秒また時には数十秒に及び，蛍光寿命と比較すると非常に長い．そのため，溶媒中に残存する不純物や酸素等の他分子との反応の確率が非常に大きい．また，過渡吸収を測定するような条件では，燐光状態分子の濃度も大きくなるので，励起三重項状態間の消滅過程（T-T annihilation：TTA）によって二分子反応的に減衰する挙動がしばしば観測される．

2.4.2　中間体の同定方法

前述のように過渡吸収測定では，原理的にはあらゆる種類の中間体が検出可能である．したがって広い観測波長範囲の過渡吸収スペクトルを同定し，光励起後の時間の関数としてこれら化学種の増減を解明できれば反応機構を知ることが可能となる．

2.4.1 項で述べたように，溶液などの凝縮系において生成した励起分子は 10 ps 程度の時間で蛍光状態に緩和する．したがって，励起後数十ピコ秒以降の時間で観測される初期の過渡吸収スペクトルは媒体と熱平衡にある溶質分子の最低励起一重項状態（蛍光状態）の $\mathrm{S_n} \leftarrow \mathrm{S_1}$ 吸収である可能性が大きい．この吸収の減衰時定数を測定し，その値が単一光子計数法などによって決定された蛍光寿命と一致すれば，通常は $\mathrm{S_n} \leftarrow \mathrm{S_1}$ 吸収と同定することができる．しかし，

S_1 状態が別の状態と平衡にある場合なども存在するので，この帰属は絶対的なものではない．ただし蛍光状態と他の状態が平衡にあるような場合には，蛍光の減衰が単一指数関数とはならないことも多いので，種々の観点から考察することが必要である．

また S_1 状態の過渡吸収スペクトルには，誘導放出の信号が含まれる場合も多い．アインシュタイン（Einstein）の A 係数（自然放出）と B 係数（誘導放出）は相互に関連しているので，$S_1 \rightarrow S_0$ の輻射遷移が許容な場合（蛍光輻射速度定数が大きい場合）には，この誘導放出も大きな確率を持つ．特に定常蛍光スペクトルの領域に強い $S_n \leftarrow S_1$ 吸収が存在しない場合には，基底状態の吸収より長波長部に負の信号として過渡吸収スペクトルが観測される．ただし定常蛍光スペクトルは自然放出による信号であり，その強度は周波数（ν）の 3 乗に比例した形状を示すのに対して，誘導放出は ν の 1 乗に比例するので，より長波長まで過渡吸収にはその影響が現れる．一例として，ピコ秒 532 nm レーザーパルス励起によるナイルブルーのメタノール溶液の励起後 60 ps における過渡吸収スペクトルを，定常吸収スペクトル，蛍光スペクトルとともに図 2.8 に示した．約 680 nm より長波長部の負の信号は，誘導放出に起因する．このように定常蛍光と誘導放出の信号には周波数（波長）に依存した違いも存在するが，この誘導放出の信号消失の時定数は蛍光寿命を示す．このことから過渡吸収を S_1 状態に同定することも可能である．

励起三重項状態の吸収（$T_n \leftarrow T_1$ 吸収）も，原理的には過渡吸収測定と同じ条件で燐光寿命を測定し，燐光の減衰と過渡吸収の減衰時定数を比較することで，その同定が可能となる．しかし燐光は一般的には弱く，特に室温では検出が困難な場合も多い．また励起三重項状態の寿命は一般的にはマイクロ秒からミリ秒程度と長いので，他分子との出会い衝突による消光過程の影響を受けやすい．特

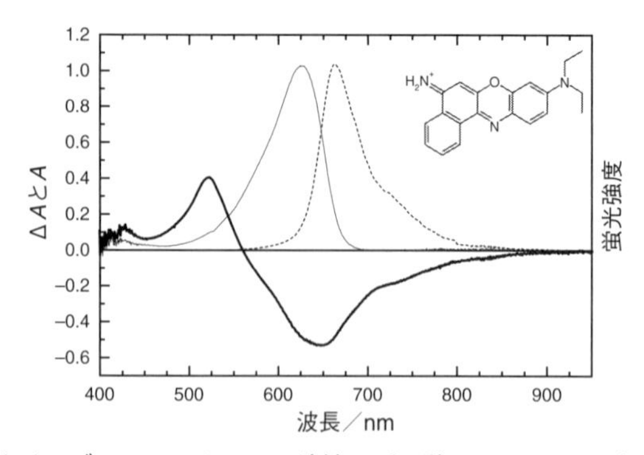

図 2.8　ナイルブルーのメタノール溶液のピコ秒 532 nm レーザー光照射後 60 ps の過渡吸収スペクトル（太線），定常吸収スペクトル（実線）および定常蛍光スペクトル（点線）

に酸素分子は，励起一重項や三重項状態を効率良く消光する．酸素による消光速度定数は，種々の溶媒でほぼ拡散律速速度定数と同程度であり，n-ヘキサンやアセトニトリルのような低粘性溶媒であれば，室温で $2\times10^{10}\ \mathrm{M}^{-1}\mathrm{s}^{-1}$ 程度の大きな値を持つ．大気圧下では，種々の溶媒に溶解している酸素分子濃度は約 10^{-3} から 10^{-2}M 程度であるので [11]，脱気操作を行わない場合には，10 ns から数十ナノ秒で励起三重項状態の吸収が減衰する（もちろん長い寿命を持つ励起一重項も消光される）．一方，窒素やアルゴンなどによるバブリングや凍結融解法などにより溶液を脱気した場合には，その寿命は著しく長くなる．したがって，過渡吸収の減衰速度への酸素の影響の有無を確認することによって，励起三重項状態の吸収（$\mathrm{T_n} \leftarrow \mathrm{T_1}$ 吸収）の可能性を判断できる．通常は，光吸収によって最初に生成するのは励起一重項であり，この減衰と同じ時定数（蛍光寿命）で，励起三重項状態が生成する．したがって，励起一重項の寿命より短い時間分解能を持つ測定装置を用いた場合には，一重項の減衰とともに現れる吸収との対応から三重項状態の可能性を確認することもできる．また，寿命が長い三重項状態は，先述のように過渡吸収測定を行うような比較的励起光強度の大きい条件では，$T_1 + T_1 \rightarrow T_n + S_0 \rightarrow T_1 + S_0$ のような三重項–三重項消滅過程により二次反応で減衰することも多い．詳細は 2.7 節や 3 章で述べる．

増感反応や三重項励起エネルギー移動を用いて，目的とする過渡吸収スペクトルの同定が可能となる場合もある．増感反応とは，図 2.9 に示すように励起一重項（S_1）状態のエネルギーは低いが三重項（T_1）状態のエネルギーは高い分子（供与体，D）を長波長で選択励起し，D の三重項状態から A の三重項へのエネルギー移動を経て A の励起状態（三重項状態）を生成する過程に対応する．三重項–三重項エネルギー移動反応は，概ね拡散律速速度定数程度で進行する場合も多いので，このことを勘案して D の蛍光寿命よりは長い時間で A と衝突が起こるように A の濃度を調整する．過渡吸収測定を行い，D の三重項状態の過渡吸収の減衰と同じ時定数で A に由来す

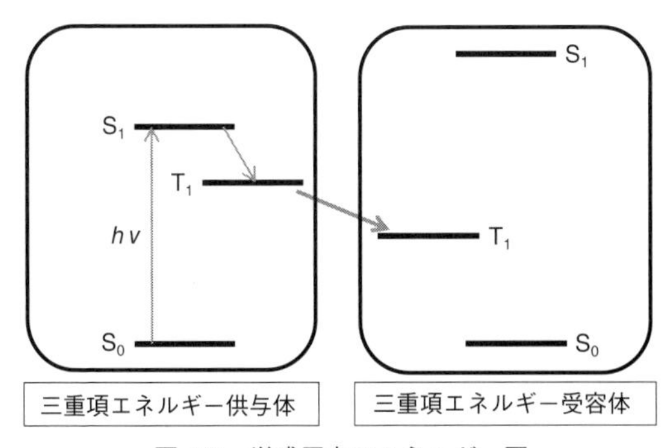

図 2.9　増感反応のエネルギー図

る過渡吸収が現れた場合には，この新たな吸収スペクトルがAの三重項状態に同定できる可能性が大きいと考えられる．また逆に，目的とする化合物（D）の過渡吸収スペクトルの同定のために，三重項エネルギー移動を利用することも可能である．三重項のエネルギーレベルが低く，またその $T_n \leftarrow T_1$ 吸収が既知の溶質（A）を添加し，Dを含む系の過渡吸収測定を行う．同定を目的とするDの過渡吸収の減衰とともに，Aの $T_n \leftarrow T_1$ 吸収が立ち上がってくることが確認できれば，このAの過渡吸収スペクトルを $T_n \leftarrow T_1$ 吸収と同定できる可能性が大きい．

三重項状態はESRの観測が可能であるので，ESRスペクトルの解析による電子状態の詳細な同定や，時間分解ESR測定による減衰時間の決定が可能となる．三重項に帰属できるESR信号の減衰時定数と，同様の条件で測定された過渡吸収スペクトルの減衰との対応から，より明確に励起三重項の同定が可能となる場合も存在する．

三重項状態の寿命は，脱気条件ではマイクロ秒以上と長いものも多いので，ナノ秒パルスレーザーを用いた $T_n \leftarrow T_1$ 吸収測定は，多種の分子系を対象に行われてきた [12]．初期の過渡吸収の測定データには，後述のような多光子イオン化などの寄与により，現在では誤った同定と考えられるものもあるが，無極性溶媒中で光イオン化などの寄与を考えなくても良く，また光分解などの可能性の小さな分子に対しては信頼できるものも多い．

イオンラジカルは，光誘起電子移動反応などの光化学反応過程で観測される化学種である．これらのイオンラジカルは，電気化学的な還元や酸化，また放射線照射により生成することが可能であり，選択的にこれらの手法により生成したイオンラジカルの吸収スペクトルを参照として用いることができる．化学反応性の大きなイオンラジカルに対しては，特に低温の剛体溶媒中で放射線照射により選択的に生成させたイオンラジカルの吸収を用いる場合も多い．低温で透明なガラス状態となる液体に溶質を溶かし，通常は液体窒素温度（77 K）で γ 線の照射を行うと，アルコールなどの溶媒を用いた場合には溶質のアニオンラジカルが，ハロゲン化炭化水素系の溶媒では溶質のカチオンラジカルが選択的に生成する [13]．低温であれば定常 ESR の測定なども可能であり，イオンラジカルの帰属ができる．ただし室温と比較して，低温では電子スペクトルがシャープな形状となることが多いので，この点については注意を要する．

アニオンラジカルやカチオンラジカルのスペクトルが既知の化合物を用いて，目的の化合物のイオンラジカルの吸収スペクトルを求めることも可能である．たとえば，目的の化合物（S）の励起状態寿命の間に出会い衝突可能な濃度の電子受容体（A）あるいは電子供与体（D）を消光剤として含む溶液を用意し，この過渡吸収スペクトルの時間変化を測定する．通常は励起波長には吸収を持たない D あるいは A を用い，S を選択的に励起する．通常の溶媒中の分子の拡散律速の速度定数は，おおよそ 10^9〜10^{10} $\mathrm{M^{-1}s^{-1}}$ 程度であるので[†]，10^{-1}〜10^{-2}M の濃度の消光剤（A あるいは D）を含む溶液では，数百ピコ秒〜数ナノ秒程度の時間で，励起された S と消光剤は拡散衝突を行う．電子移動の速度定数は反応の始・終状態間のエネルギーギャップにも依存する [14,15] が，ある程度のエネルギーギャップを持つ系を用意すれば，ほぼ拡散律速で反応が進行する．消光剤として電子供与体 D を加えた場合，$\mathrm{S_1}$ 状態からの電子移動（電荷分離）反応では，励起後に現れる S の $\mathrm{S_n} \leftarrow \mathrm{S_1}$ 吸収の減衰ととも

[†] 各溶媒中の拡散律速速度定数は，$k_{\mathrm{dif}} = 8RT/3000\eta$ として見積もることができる．T は温度，η は粘度（粘性係数）である．具体的には $k_{\mathrm{dif}}(\mathrm{M^{-1}s^{-1}}) = 2.21718 \times$ 温度（K）/粘度（cP）$\times 10^7$ として計算できる．ただし粘度も温度に依存するので，その温度での値を用いる．

に，Dのカチオンラジカル（D^+）の吸収とSのアニオンラジカル（S^-）が，一定の相対強度を保ちながら立ち上がり，その後，再結合により減衰する．消光剤として電子受容体Aを加えたときは，電荷分離状態はS^+とA^-として観測される．アニオンラジカルやカチオンラジカルが，それぞれ独立して化学反応を行う場合には，それぞれの減衰が異なり時間変化が複雑になるので，化学反応性の小さいAやDを用いることも重要である．

なお高濃度に消光剤を含む場合は，基底状態における電荷移動（CT）錯体の形成や，あるいは励起直後に反応半径内に存在する消光剤との電子移動反応なども進行する場合も多い．CT錯体の形成については，定常状態の吸収スペクトルから確認することが可能である．また錯体が形成されていない場合でも，10^{-2}M程度消光剤が含まれる溶液でSの反応半径内にDやAが存在するため，励起されたSの一部は迅速な電子移動が観測されることもある．このような過程は一般には“過渡効果”と呼ばれ，蛍光消光に対するシュテルン-フォルマー（Stern-Volmer）プロットのずれなどからも確認されている．これらのことも考慮して解析を行うことも重要である．

2.5　過渡吸光度の励起光強度依存性

過渡吸光度は，式(2.2)に示したように基底状態分子の励起された割合αに依存して増加する．基底状態の吸光度をA_g，励起光強度をI_{E}としてランベルト・ベール式を用いると，吸収される光子数（生成する励起分子数）$= I_{\mathrm{E}} \times (1 - 10^{-Ag})$となる．したがって，$\alpha$は励起光強度に一次に比例して増加すると考えられる．しかし，ランベルト・ベールの式はI_{E}が光吸収を行う分子数に比べて非常に小さい場合に成立する関係であり，照射体積中の基底状態の分子数と比べて励起光子数が同程度，あるいは大きい場合には成り立たない．そのため励起光強度が小さい場合には，過渡吸光度は励起光強度に対して直線的に増加するが，励起光強度が大きくなるにつれて直線からずれ，最終的にはすべての分子が励起され飽和する．このような励起光強度と過渡吸光度の関係は，光強度と分子の濃度に大きく依存するが，過渡吸収を測定する場合には式 (2.2) における基底状態分子の励起された割合 α が約 10 分の 1 程度の範囲を超えれば，励起光強度と過渡吸光度は直線からずれると考えられる場合が多い．

光吸収により生成した励起分子や中間体も，ほとんどの場合励起波長に吸収を持つ．したがって励起光パルスの時間幅の間に，生成した励起分子（中間体分子）と基底状態分子の光吸収が競合することになる．試料に入射した励起パルスの時間初期には生成した励起分子は少ないが，時間の経過とともに励起分子数は増加する．また励起光強度が大きければ，生成する励起分子数も多くなり，励起分子が励起光を吸収する確率も大きくなる．この結果，基底状態分子が励起光を吸収する割合が減少する．この励起分子による励起光の吸収過程は内部フィルター効果と呼ばれており，励起光パルスに対して励起分子がフィルターのように作用して，励起光強度を減少させることに対応する．なお，この励起分子による励起光の吸収は逐次 2 光子吸収に対応し，励起分子は高い励起状態（$\mathrm{S_n}$ 状態）へと遷移する．一般に，この $\mathrm{S_n}$ 状態は迅速に（$< 1\,\mathrm{ps}$）無輻射的に $\mathrm{S_1}$ 状態へと緩和するが，生成した高位励起状態がイオン化エネルギーを超える場合にはカチオンを生成する場合もある（逐次 2 光子イオン化）．イオン化しない場合でも，結合開裂や分解などの反応が進行する場合も存在する．

図 2.10 には，励起波長における励起状態のモル吸光係数（ε_e）が

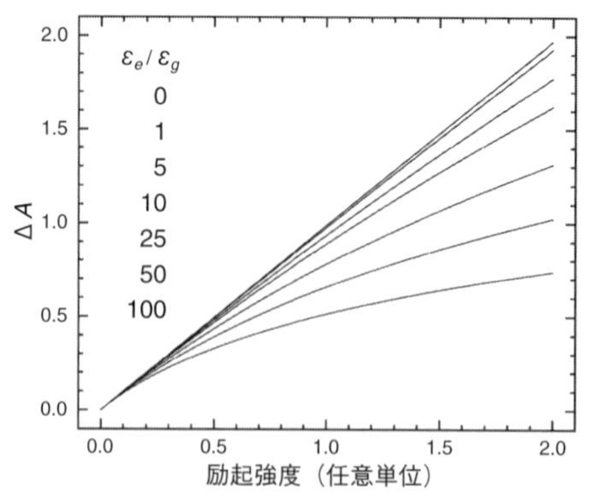

図 2.10　過渡吸光度の励起光強度依存性に対する内部フィルター効果の影響
ε_g は励起波長における基底状態分子の分子吸光係数，ε_e は励起波長における励起状態分子の分子吸光係数．$\varepsilon_g = 200\,\mathrm{M^{-1}cm^{-1}}$ として，励起パルスや試料の光路長を数値積分による計算値．なお励起分子のモニター波長における分子吸光係数は，$10000\,\mathrm{M^{-1}cm^{-1}}$ として過渡吸光度を表している．

過渡吸光度に与える影響について，励起パルスの時間波形や試料セル光路長に対して数値積分を行い得られた計算結果を示した [16,17]．この図では，過渡吸光度の励起光強度依存性を，励起状態のモル吸光係数は基底状態のモル吸光係数（ε_g）との比，$\varepsilon_e/\varepsilon_g$ として示している．実際の計算では，励起による基底状態分子濃度の変化の影響が無視できるように $\varepsilon_g = 200\,\mathrm{M^{-1}cm^{-1}}$ と小さな値を用いている．この図は，相対的に ε_e の値が大きいときには励起状態分子による励起光吸収の寄与が大きくなること，また，励起光強度の増大とともに励起状態分子も多くなるので内部フィルター効果の影響が大きくなることを示している．励起状態の励起波長のモル吸光係数が $10^4\,\mathrm{M^{-1}cm^{-1}}$ であれば，基底状態の分子の 2%（$\alpha = 0.02$）が励起された場合でも，基底状態と励起状態の励起波長における吸光度はほぼ同じになる．一般に，特に励起状態分子などの中間体は，紫外部においては大きなモル吸光係数（$10^4\,\mathrm{M^{-1}cm^{-1}}$ 以上）を持つ場合も多いので，励起波長における基底状態の吸収が禁制であるような場合（モル吸光係数として数 $100\,\mathrm{M^{-1}cm^{-1}}$ 程度）には，このような内部フィルター効果は顕著に観測される．一般には，ナノ秒レーザーやピコ秒レーザーでは大きな出力を得ることが可能であり，得られる過渡吸光度も大きいので，特に，このような効果について考慮することが必要となる．

また過渡吸収測定に用いる励起パルスレーザー光は，単位時間あたりの輝度が大きい．そのため，逐次のみならず同時 2 光子吸収などの非線形過程もしばしば観測される．測定で得られる過渡吸収信号に対して正しい解釈を行うためには，過渡吸収スペクトルに対する励起光強度依存性を測定し，これらの寄与を定量的に検討することが必要となる．

2.6 中間体のモル吸光係数の決定

すでに述べたように中間体のモル吸光係数が既知の場合には，定量的に反応収量を知ることも可能となる．室温でも安定（あるいは準安定）なラジカルやラジカルイオンは，化学的あるいは電気化学的に選択的に生成することで，吸光係数を高精度に決定することも可能となる．また室温では安定性が低くても，低温剛体溶媒中では安定に存在できるラジカル種は多いので，その吸収スペクトルやモル吸光係数が決定されているものも多い．スペクトルやモル吸光係数の温度依存性を考慮する必要があるが，吸収バンドの積分値が一定と考えれば，ある程度の誤差範囲で室温における吸光係数を見積もることも可能となる．一方，励起状態分子のモル吸光係数は，励起光の集光面積（体積）の正確な決定が難しいことや，前節でも述べたように励起パルス時間内における励起分子による励起光の再吸収（内部フィルター効果）なども定量的に考慮する必要があるため，正確に決定することは難しい．

しかし，励起体積中のすべての基底状態分子を励起状態に変換できれば，簡単かつ一義的に励起状態のモル吸光係数を決定することができる．事実，この方法は三重項状態などの長寿命の過渡種のモル吸光係数の決定に適用されてきた [12]．この場合にはフラッシュランプやナノ秒レーザーパルスなど，多数の光子を出力可能な励起光源を使用する．そのため分子の分解や逐次多光子吸収などの非線形光学過程が生じる場合も多く，たとえ文献値であっても注意深く吟味することが必要な場合も存在する．

またパルス時間幅が短くなると，総光子数は同じでも尖頭値は大きくなるので，多光子吸収以外の種々の非線形光学過程もより容易に進行する．そのため完全に基底状態分子を励起できるような光強度のパルスを，寿命の短い S_1 状態などの過渡種の決定に適用することは非常に困難であった．しかし，光劣化や多光子イオン化などが進行しないことが確認できた試料については，この方法によって分子の最低励起一重項状態（S_1 状態）のモル吸光係数が得られている [18]．

図 2.11 (a) には，ローダミン B のエタノール溶液のピコ秒 532 nm レーザー光照射後 100 ps の過渡吸収スペクトルを示す．545 nm 付近の負の吸収バンドと 600 nm 付近の負の信号は，それぞれ基底状態のブリーチと蛍光の誘導放出による信号に，一方 438 nm 付近の正の信号は $S_n \leftarrow S_1$ 吸収帯に帰属できる．また，このスペクトルの減衰時定数は蛍光寿命と一致するので，S_1 状態の吸収スペクトルと同定できる．

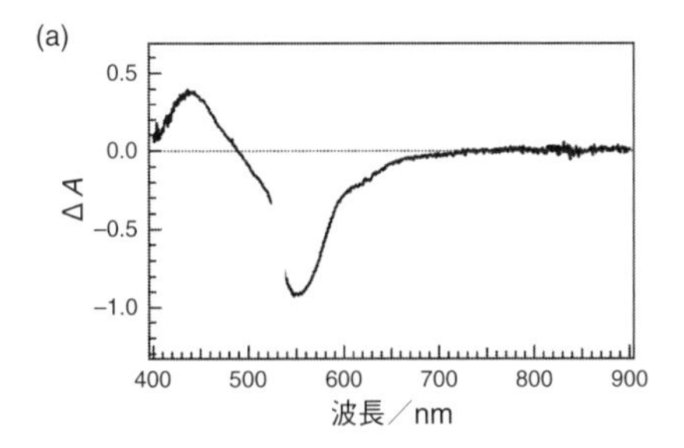

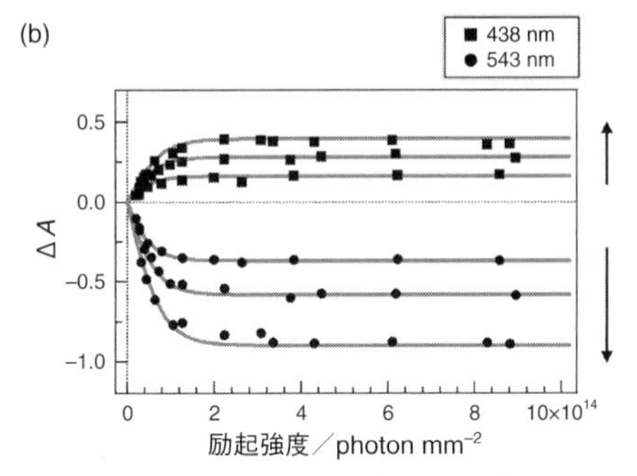

図 2.11　(a) ローダミン B のエタノール溶液のピコ秒 532 nm レーザー光照射後 100 ps の過渡吸収スペクトル．(b) 種々の濃度のローダミン B のエタノール溶液の 438 nm および 543 nm での過渡吸光度と 532 nm 励起光強度の関係（矢印は試料濃度の増加を表す）．

図 2.11 (b) には，種々の濃度のローダミン B のエタノール溶液の 438 nm および 543 nm での過渡吸光度と励起光であるピコ秒 532 nm 光の強度の関係を示した．低い励起光強度の場合には励起光強度の増加とともに過渡吸光度（の絶対値）は増加するが，励起光強度がさらに増加すると一定値を示す．この一定値における過渡吸光度と基底状態のローダミン B の濃度との間には，ゼロの切片を持つ

線形関係が示されており，この過渡吸光度は基底状態分子がすべて励起状態へと変換したことを示す．この線形関係から，438 nm でのモル吸光係数の差 $\varepsilon_e - \varepsilon_g$ は 46700 $\mathrm{M^{-1}cm^{-1}}$ と見積もられた．また，438 nm における基底状態のモル吸光係数 $\varepsilon_g = 2100\,\mathrm{M^{-1}cm^{-1}}$ を用いると $\varepsilon_e = 48800\,\mathrm{M^{-1}cm^{-1}}$ が得られる．なお，図 2.11（b）の実線は，励起による基底状態分子濃度の減少と内部フィルター効果を取り入れて計算した励起光強度依存性であり，図 2.10 と同様に，励起パルス，モニター光パルスの時間と試料セル中の位置全体にわたる数値積分を行い得られたものである．計算値は実験値をほぼ再現しており，求められたモル吸光係数の妥当性が確認されている．その他のいくつかの系の $\mathrm{S_1}$ 状態の吸光係数も同様に報告されている [18]．またこれら系を参照系として，光強度の弱いフェムト秒レーザーを用いて，過渡吸光度と励起光強度が直線関係を示す領域の測定結果から，相対的に $\mathrm{S_1}$ 状態のモル吸光係数が決定できることも示されている [18]．

2.7　データ解析法

2.7.1　スペクトルの成分解析

紫外・可視から近赤外の波長域に現れる過渡吸収スペクトルには，複数のピークやブロードな形状を示す吸収帯が観測されることが多い．そのため複数の過渡種が存在する場合には，それぞれの吸収帯が互いに重なり合いスペクトルの帰属や解析が困難になる．また構造異性体や配座異性体などが存在する場合や基底状態で他分子との間で分子性錯体を形成する場合には，平衡定数と励起波長におけるモル吸光係数に依存して複数の種類の分子が励起される．したがって，個々の過渡種の時間変化を追跡するためには，過渡種の成分ごとに吸収帯を分離することが必要になる．ここではまず，個々の過渡種のスペクトル形状が既知の場合に適用できるスペクトル解析法について述べる．

観測される過渡種の吸収スペクトルが既知の場合には，ある波長，遅延時間における過渡吸光度は，式 (2.9) に示すように，各過渡種の吸光度の線形結合の形で表すことができる．ここでは，基底状態濃度の減少分は表していない．

$$\Delta \mathrm{A}(\lambda, t) = \sum_{i=1}^{N} \Delta A_i = \sum_{i=1}^{N} \varepsilon_i(\lambda) c_i(t) L \tag{2.9}$$

ここで，A_i は過渡種 i に由来する吸光度，$\varepsilon_i(\lambda)$ は波長 λ におけるモル吸光係数，$c_i(t)$ は時間 t における過渡種の濃度を示す．L は光路長であり，同軸型の励起では 2.3 節でも述べたように，$c_i(t)$ の値は光路長に対する積分から得られる．ただし，時間変化が一次過程として表される場合には，この式で解析が可能となる．一方，$\mathrm{d}c_i(t)/\mathrm{d}t = -kc_i(t)^2$ のように二次反応の場合には，光路長の位置における $c_i(t)$ を考慮する必要がある．式 (2.9) には，観測波長域における基底状態の濃度の変化は含んでいないが，基底状態の吸収の存在する波長では式 (2.5) に示したように式 (2.10) として，基底状態濃度の減少を考慮する．

$$\Delta \mathrm{A}(\lambda, t) = \sum_{i=1}^{N} \varepsilon_i(\lambda) c_i(t) L - \varepsilon_g(\lambda) \sum_{i=1}^{N} c_i(t) L \tag{2.10}$$

各遅延時間で測定されたスペクトル $\Delta \mathrm{A}(\lambda, t)$ を，個々の化学種のスペクトル $\varepsilon_i(\lambda)$ を用いて最小二乗法に基づき回帰分析を行うことにより，任意の時間における過渡種の濃度 $c_i(t)$ を算出することができる．時間に対する相対濃度の情報だけで十分であれば，必ずしも定量的な吸光係数は必要なく波長軸にわたる相対値がわかっていれば，相対的な濃度の時間変化が得られる．後述の時間変化の解析から得られるDAS（Decay-Associated Spectra）やSAS（Species-Associated Spectra）を用いた解析とは異なり，解析に対して過渡種の種類は仮定するものの，線形の最小二乗法によって各遅延時間における各成分の濃度が得られる．このような個々のスペクトルに基づく成分解析は，定常状態のスペクトル解析にも用いられる方法である．

解析の際に必要となる各成分のスペクトル形状については，過渡種の種類に応じて様々な方法で導出することができる．先述のように，準安定的に存在できるイオンラジカル種は，電気化学的な方法あるいは化学的な酸化還元などにより作製し，吸収スペクトルを取得することが可能である．三重項状態の場合には，そのエネルギー準位に合った増感剤を用いて目的とする化合物の三重項状態を選択的に生成できる．一方，最低励起一重項（S_1）状態の吸収は，その減衰が蛍光寿命と同一の時定数を示すので，蛍光寿命との対応からその同定を行うことが可能である．すでに2.4節でも述べたように，光励起によって最初に生成する過渡種は，多くの場合励起一重項状態であり，また，高い励起一重項（S_n）状態が生成した場合でも，通常はサブピコ秒以内にS_1状態へと緩和し，その後，溶液や固体系などの凝縮系では10～20 ps以内の時定数で余剰振動エネルギーが周囲媒体へと散逸する．したがって，緩和したS_1状態は多くの光化学反応の始点となることが多い．

いずれにせよAを起点として，A → B → Cと変化する反応モデルの場合には，励起直後の過渡吸収スペクトルから過渡種Aのスペクトルが得られ，逆に大部分の過渡種がCに変換された遅い時間領域を選択すれば，過渡種Cのスペクトルを得ることも可能である．電子移動やプロトン移動といった光化学素過程を扱う場合には，溶媒極性やpHなどの条件を変えることにより，特定の過渡種を選択的に作製，検出することも可能になる．さらに，このように過渡種を同定しながら，反応に関与するすべての過渡種の吸収スペクトルを導出可能な場合もある．

2.7.2　時間変化の解析

測定結果に対して，参照スペクトルとの比較やその他の予備的な知見から過渡種の同定が完了すれば，次に過渡吸光度やその（相対）濃度の時間変化から，速度定数や反応全体のスキームを求めることになる．ある過渡種の変化が，2 つの状態間の一次反応として表される場合，過渡種の濃度は指数関数的な変化を示す場合が多い．例えば，A→B の変化の場合，A と B に由来する吸光度の時間変化は過渡種 A の減衰時定数 τ_A を用いて，式 (2.11) と式 (2.12) のように表される．

$$\Delta \mathrm{A}_A(t) = \varepsilon_A c_{A0} \exp\left(-\frac{t}{\tau_A}\right) L \tag{2.11}$$

$$\Delta \mathrm{A}_B(t) = \varepsilon_B c_{A0} \left\{1 - \exp\left(-\frac{t}{\tau_A}\right)\right\} L \tag{2.12}$$

ここで，c_{A0} は $t = 0$ における過渡種 A の濃度，ε_A，ε_B は過渡種 A と B のモル吸光係数，τ_A は過渡種 A の減衰時定数，L は光路長である．ある観測波長における時間変化は式 (2.11) および式 (2.12) の和となるので，過渡種 A に対して，次に現れる過渡種 B のモル吸光係数が大きい場合にはその波長では過渡吸収の立ち上がりが，逆の場合には過渡吸光度の減衰が観測される．

上記のモデルでは過渡種の数は 2 つであるが，より多くの過渡種が関与する場合もある．たとえば，A → B への過程と競争して A → C も一般には進行する．このような場合は，

$$\Delta A_B(t)=\varepsilon_B c_{A0}\phi_B\left\{1-\exp\left(-\frac{t}{\tau_A}\right)\right\}L \tag{2.13}$$

$$\Delta A_C(t)=\varepsilon_C c_{A0}\phi_C\left\{1-\exp\left(-\frac{t}{\tau_A}\right)\right\}L \tag{2.14}$$

と表される．ここで ε_C は過渡種 C のモル吸光係数，ϕ_B，ϕ_C は，B，C の生成収量である．

また， A → B → C のような連続反応の場合，それぞれの過程が一次反応のときには，各成分の濃度変化は以下のように表される．

$$c_A(t)=c_{A0}\exp(-k_1 t) \tag{2.15}$$

$$c_B(t)=\frac{k_1 c_{A0}}{k_2-k_1}\{\exp(-k_1 t)-\exp(-k_2 t)\} \tag{2.16}$$

$$c_C(t)=c_{A0}-c_A(t)-c_B(t) \tag{2.17}$$

ここで，k_1，k_2 は A → B および B → C の反応の速度定数である．それぞれの濃度に対してそのモル吸光係数を乗じたものが，過渡吸光度の時間変化となる．この場合には A の減衰は単一指数関数で表されるが，B や C の時間変化には 2 つの指数関数が含まれる．式 (2.11) から式 (2.14) で表されるような，A → B あるいは A → B と A →C の場合には，A の減衰の時定数（速度定数の逆数）と B や C の生成の時定数は一致するが，連続反応の場合には，k_1，k_2 の相対的な大きさに依存して B の生成減衰挙動は変化する．たとえば $k_1 > k_2$ のときには，B の立ち上がりは A の減衰と一致するが，逆に $k_1 < k_2$ のときには，B の立ち上がりの時定数は $1/k_2$ となり，減衰の時定数は $1/k_1$ となる．いずれにせよ，反応のスキームが予測できる場合には，その濃度変化を表すことが可能であり，過渡吸収の測定結果と種々のスキームから得られる時間変化とを比較することで，進行する過程を明らかにすることが可能となる．

一般には時間変化に対するスキームを明確に予測できない場合も多い．このような場合には，過渡吸収の時間変化をいくつかの関数で解析し，その結果得られる時定数（速度定数）などから，全体の反応の機構を考察する．特に良く用いられるのは，多成分の指数関数を用いた解析である．先述の $A \to B \to C$ のような連続反応の場合には，2 つの指数関数が現れる．一般には，n 成分の間の連続反応であれば，$(n-1)$ 成分の指数関数が現れる場合が多い．実際には，この成分数が少なければ実験データをうまく再現できず，逆に，成分数の多い関数を用いれば，残差成分を小さくすることができるが，物理的に意味のない成分が増える場合には適切な解析とはならない．

実際の解析では，対象とする系に関する予備知識，過渡吸収スペクトルに対する特異値分解による固有成分数の見積もりや，成分数を変えて解析した結果生じる残差の大きさの変位などを指標として総合的に判断する．また，この解析から得られる時定数は，あくまでも過渡種の変化の時定数を反映したものであり，各素過程の速度定数がそのまま表されるわけではない．輻射速度定数の算出には蛍光寿命だけでなく，蛍光量子収率が必要になるように，個々の素過程の速度定数を計算するためには，寿命に加えてその過程の量子収率の情報も必要になる．

一次反応として進行する過程は，主に分子内の反応や緩和過程に対応する場合が多い．また，励起分子と基底状態の他分子（消光剤など）との反応でも，励起分子濃度に比べて反応する他分子の濃度が大きい場合には，擬一次的に反応が進行する．上に示した時間変化は，基本的には個々の過程は一次反応として考えられる場合に相当する．一方，励起分子と励起分子の間の反応あるいは光反応で生成した過渡種間の反応のように分子間の反応過程も進行する．フェムト秒からナノ秒領域の短い時間領域では，励起分子の寿命や濃度，また並進拡散過程の速度などから考えて，励起分子が高密度に生成すると考えられる分子集合体などを除けば，励起分子間や過渡種間の反応は無視できる場合が多い．しかし，溶液のように希薄に励起分子が生成する場合でも，ナノ秒以降の時間領域では過渡種が媒体中を拡散し，別の過渡種と出会うことにより進行する過程もしばしば観測される．例えば，光イオン化や電子移動により生成したカチオンとアニオン種は，生成直後はイオン対やカチオン–電子対として存在し再結合やイオン解離過程は一次反応的に進行するが，一方，解離したイオン種は，$\mathrm{A^- + D^+ \to A + D}$ のように，2分子的な再結合過程を行う．また，既述のように三重項状態の分子は一般的には長寿命であるため，過渡吸収を測定するような条件では，$\mathrm{T_1 + T_1 \to T_n + S_0 \to T_1 + S_0}$ のような励起子消滅過程（T-T annihilation：TTA）が進行する．これらの過程は二次反応であり，過渡種の濃度に依存して進行するので，この減衰は指数関数では記述できない．例えば，三重項状態間の消滅過程では，三重項状態の濃度 c_{T1} の時間依存性は式 (2.18) で表される．

$$\frac{\mathrm{d}c_{T1}}{\mathrm{d}t} = -k_{TT}c_{T1}^2 - k_p c_{T1} \tag{2.18}$$

ここで，k_{TT} は TTA の速度定数，$1/k_p$ は三重項状態の寿命（燐光寿命）である．TTA の時間スケールよりも燐光寿命が十分に長い場合には，右辺第二項が無視でき，三重項状態の過渡吸光度 ΔA_{T_1} と TTA の速度定数 k_{TT} の間には以下の式が成り立つ．

$$\frac{1}{\Delta A_{T_1}} = \frac{k_{TT} \cdot t}{\varepsilon_{T_1}} + \frac{1}{\Delta A_{T_1}(t=0)} \tag{2.19}$$

この式からわかるように，過渡吸光度の逆数の傾きには TTA の二次反応速度定数が含まれており，観測波長における三重項状態のモル吸光係数 ε_{T_1} が既知の場合にはこの速度定数を算出することができる．またこの式からわかるように，励起光強度を変えても ΔA_T $(t=0)$ が変化するだけで，$1/\Delta A_{T1}$ と t の間の傾きは励起光強度に依存せずに同じ値を示す（図 2.12）．したがって励起光を変化させた測定を行い，その時間依存性を調べることで二次反応過程を確認できる．

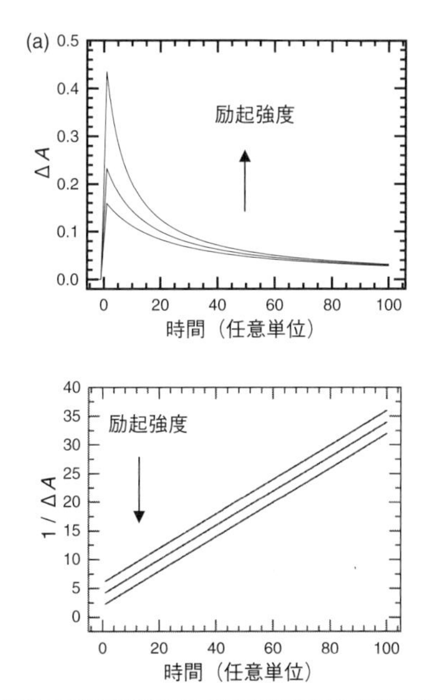

図 2.12　二次の減衰挙動を示す過渡吸光度の時間変化に対する励起光強度依存性

（a）過渡吸光度と時間の関係．（b）過渡吸光度の逆数と時間の関係．

以上の式は過渡種の濃度が，試料中のモニター光の位置に依存せず同じ値である場合に成り立つ．2.3.1 項で述べたように，励起光とモニター光が直交した光学配置の場合にはこの条件が満足されるが，同軸の場合に，励起分子濃度は試料の前面から後面に向かうにつれて小さくなる．そのため，二次反応によって減衰する割合も小さくなる．このような場合には，励起波長における試料の吸光度を低くし，できるだけ過渡種の濃度が均一になるように留意する必要がある．これらの具体的測定例は 3 章に示す．

励起状態におけるダイナミクスには，上に述べたような状態間の変化として定義できる過程以外に，連続的に進行する緩和過程も存在する．2.4.1 項でも述べたように，励起波長が 0–0 吸収より短波長の場合，励起直後の状態は周囲媒体と熱平衡にある S_1 状態（蛍光状態）より高いエネルギー状態に励起される．この生成直後の励起状態は IVR の後，余剰振動エネルギーを周囲溶媒との衝突により失っていく．この振動緩和過程は，励起分子の温度が低下していく過程に対応する．（ただし緩和の途中では，分子内においても熱平衡は必ずしも達成されていない）．この具体例は第 4 章で述べるが，一般的には，基底状態の紫外可視吸収スペクトルは温度の低下とともに，その形状がシャープになるとともに，またピークは短波長シフトする場合が多い．振動緩和（余剰エネルギーの散逸）による過渡吸収スペクトルの時間変化も，同様の挙動を示す場合が多く，時間の経過とともに，スペクトルの先鋭化と吸収極大の短波長域へのシフトが観測される．一方，S_1 状態に起因する誘導放出では，逆にその波長は長波長域にシフトする．これらのスペクトルシフトは，“スペクトルの温度依存性”と深く関連するため，指数関数による解析では原理的に再現することが難しいが，時間スケールを大まかに見積もるために，便宜的に指数関数を用いて解析することも多い．一般には，電子スペクトルの温度依存性は，吸収帯ごとに異なるので，観測波長によって得られる時定数が異なる点に注意が必要である．また，溶媒和過程の場合にも，時間・空間階層的に進行する溶媒和を反映して，複数成分の指数関数による便宜的な取り扱いがなされている．

2.7.3 グローバル解析

有限の S/N 比の実験データの線形および非線形最小二乗法（カーブフィッティング）から得られる過渡種の変化の時定数は誤差を含み，観測波長によってばらつきを持つ．しかし，変化の時定数は個々の過渡種に固有なものであり，振動緩和によるスペクトルシフトなどがなければ，観測波長によらず一定である．グローバル解析と呼ばれる手法では，このような前提に立脚し，広範な観測波長にわたる測定データのすべてを考慮して，過渡吸光度の時間変化を解析する．グローバル解析では，数多くの観測波長における過渡吸光度の時間変化のデータを，式 (2.20) に示すように，共通の時定数をフィッティングパラメータとして解析する．

$$\Delta \mathrm{A}(\lambda, t) = \sum_{i=0}^{N} A_i(\lambda) \exp\left(-\frac{t}{\tau_i}\right) \tag{2.20}$$

ここで，τ_i は過渡種 i の変化の時定数であり，これは観測波長に対して共通となるような拘束条件を課す．$A_i(\lambda)$ は過渡種の吸光係数を反映した振幅であり，観測波長に依存して変化する．この解析から得られた振幅を波長に対してプロットしたスペクトルは Decay-Associated Spectra（DAS）と呼ばれ，時定数ごとに，各波長における吸光度変化の大きさや向きを示すものである．DAS の符号がプラスである場合はその波長における吸光度変化は減衰であることを，マイナスである場合には吸光度の立ち上がりであることを意味している．このように，DAS は過渡吸光度の時間変化を時定数ごとに分解したものであり，DAS を導出した段階では反応のモデルは定まっていないが，スペクトル形状変化の見通しをつけるうえで有用である．同様のグローバル解析は，過渡吸収データだけでなく，時間分解蛍光スペクトルのデータについても適用できる．いずれの場合でも，DAS のスペクトル形状はあくまで過渡信号の変化を表したものであり，過渡種ごとにスペクトルを表しているわけではない．

より直感的に過渡種のスペクトル形状を知るためには，DAS に反応モデルの情報を加えて導出される Species-Associated Spectra（SAS）がわかりやすい．これは過渡種ごとに分解したスペクトルであり，過渡種のスペクトルの特徴を捉えることができる．一連のグローバル解析は，市販の汎用解析ソフトウェアを利用して行うことも可能である．また過渡吸収データの解析に特化したソフトウェアも web などで入手でき，種々の解析が可能である．

図 2.13 には，$A \to B \to C$ と過渡吸収スペクトルが変化する場合に対して，解析の結果として得られる DAS や SAS を示した．DAS では先述の通り，A，B，C のモル吸光係数に依存して，正負の値をとるが，SAS では A，B，C のそれぞれのスペクトルが得られる．実際の解析では，反応スキームを $A \to B \to C$ であると仮定して測定データを解析し，その結果を判断する場合も多い．このような場合には DAS や SAS と，成分 A，B，C のそれぞれを比較して，仮定したスキームの妥当性を判断することが可能となる．

上に示した解析方法は，スペクトルあるいは時定数に基づくが，MCR（Multivariate Curve Resolution）などの多変量解析法 [19] やケモメトリックス [20] などの手法を用いると，これらを同時に決めることも可能になる．いずれにせよ，正しいスペクトル形状と過渡種の時間依存性を得るには，解析対象のスペクトル形状や時間変

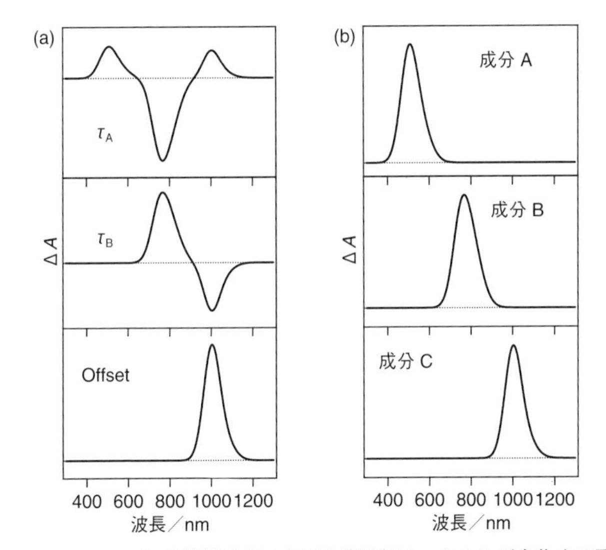

図 2.13 A → B → C の連続反応により過渡吸収スペクトルが変化する系に対する解析の結果として得られる DAS（a）と SAS（b）の例

Offset はこの時間領域で最終的に残る成分（観測時間領域よりは非常に長い減衰を示す化学種）に対応する．

化に関する予備的知識や，過渡種の濃度は負にならないなどの拘束条件が必要になり使用には注意が必要になるが，過渡種の濃度変化の関数形を決めずに適用できるなど柔軟性の高い解析手法である．

第3章

ナノ秒より長い時間領域の測定

3.1 ナノ秒より長い時間領域の過渡吸収測定装置

ナノ秒以降の時間領域を対象とした一般的な透過型過渡吸収測定装置の構成を図 3.1 に示す．すでに第 2 章で述べたように，励起後数十ナノ秒以降の時間領域では，励起状態間の消滅過程（annihilation）やイオン解離したラジカルイオンの再結合のような 2 分子反応（二次反応）過程が観測される場合も多い．このような二次反応過程の正確な検出にも対応可能な励起用レーザー光とモニター光が直交した配置の光学系を示している．この場合，中間体濃度はモニター光の光路に対して一定となり，二次反応過程による過渡吸光度の時間変化の解析が容易になる．実際の測定においては，均一な励起を行うために励起レーザー光の空間プロファイルが均一な部分のみを用い，シリンドリカルレンズを用いて試料に集光する．レンズの焦点位置は焦点距離やレーザー光強度にも依存するが，試料の数ミリメートルから数センチメートル手前に置き，試料セルや試料内部に焦点位置が来ないよう光学系を構成する．モニター光はできるだけ励起光側の試料前面に近い所を通過し，中間体濃度の大きい箇所をモニターすることが望ましい．試料の励起波長における吸光度は，せいぜい 0.5 程度以下として，励起光の進行方向に対してもできるだけ中間体濃度分布が小さい条件を設定する．

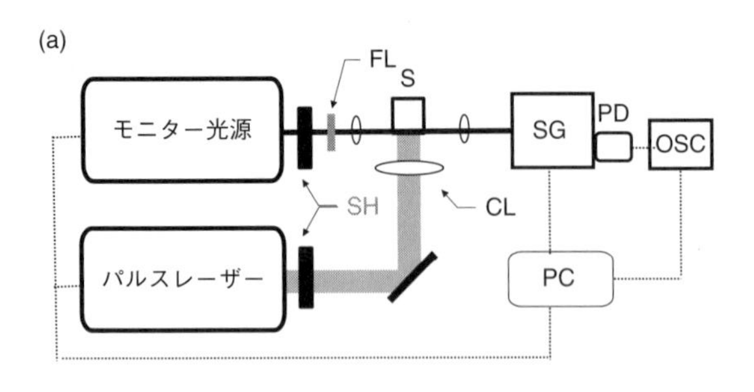

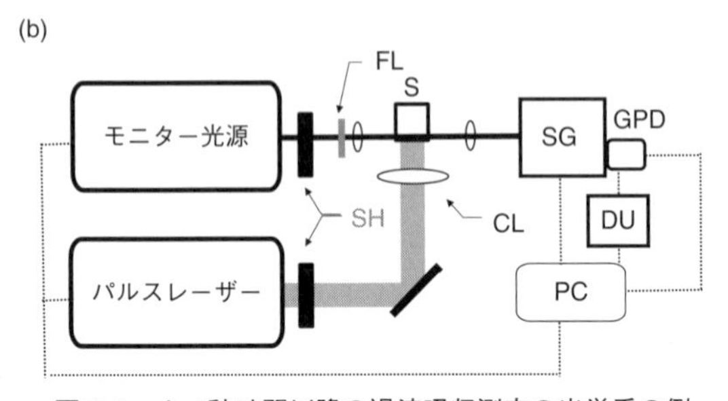

図 3.1　ナノ秒時間以降の過渡吸収測定の光学系の例

(a) オシロスコープを用いた測定，(b) ゲート付き光検出器を用いた測定用のブロックダイヤグラム．S：測定試料，FL：フィルター，SH：シャッター，SG：分光器，PD：光検出器，OSC：オシロスコープ，DU：ディレイユニット，GPD：ゲート付き光検出器，PC：制御用コンピューター．

励起光源には，主にエキシマーレーザーや Q スイッチレーザーなどのナノ秒パルスレーザーが用いられる．またナノ秒以降の時間では，光検出器やオシロスコープ等の電子機器の時間分解能（一般的にはサブナノ秒から数ナノ秒）を用いた時間分解計測が可能であり，図 3.1 (a) に示すように光電子増倍管やフォトダイオードなどの光検出器と高速オシロスコープを組み合わせた手法が広く用いられている．この場合には，Xe ランプなどの時間的に連続したモニター光，あるいは観測時間範囲を含む比較的長い時間継続するパルス白色光を用いる．試料透過後のモニター光は分光器に導き，光検出器で受光し，その出力の時間変化をオシロスコープで測定する．このオシロスコープの出力は制御用コンピューターに転送され，積算や後述のような演算を行い単一波長の時間変化が得られる．観測波長を掃引し同様の測定を繰り返すことで，種々のモニター波長の時間変化から特定の遅延時間のデータを組み合わせて過渡吸収スペクトルが得られる．したがってスペクトルを得るためには多くの波長の過渡吸光度の時間依存性の測定が必要となる．連続的なモニター光の照射による試料の温度上昇を避けたい低温における測定や，モニター光により光化学反応が誘起されるような場合には，試料の前で分光して目的の波長を選択し，できるだけモニター光の照射の影響を小さくする．

電子機器の時間分解能を利用した測定では，測定されたスペクトルの時間分解能はレーザーのパルス幅だけでなくオシロスコープ，光検出機器の時定数に依存する．光電子増倍管を用いて高い時間分解能を得るためには，その分割抵抗や終端抵抗の値を工夫する必要がある．これら高速時間応答用の光電子増倍管に関する情報などについては，古くから色々な方法が用いられており文献に詳細が述べられている [21]．また最近では，高い時間分解能を有するフォトダイオードなども市販されており，サブナノ秒の分解能を有するものも比較的廉価に入手可能である．光検出器の出力は通常デジタルオシロスコープで計測し，A/D 変換された値を PC に転送する．最近のデジタルオシロスコープは，帯域が数ギガヘルツ程度，サンプリングが 10～50 GHz 程度，またレコード長が 100 M～1 G ポイントを超えるものも市販されている．ただしこのような高速オシロスコープでは，垂直軸（電圧）のビット数が少ないものも多い．逆に帯域の低いものでは，垂直軸のビット数の大きなものも存在するので，データの精度を考え測定時間領域を考慮して機器を選択することが重要である．

またナノ秒以降の時間領域では，時間ゲート機能を持つマルチチャンネル検出器を用いて時間分解スペクトルを得ることも可能となる（図 3.1（b））．検出器のゲート時刻をデジタルディレイ等の電気回路により変化させて，励起パルスの照射時刻からの遅延時間 τ におけるスペクトルを測定することができる．最近ではサブナノ秒程度の時間ゲートを持つ装置も市販されている．この場合にも，時間的な連続光あるいは比較的長い時間継続する白色パルス光をモニター光として用いる．時間分解能はゲート時間幅にも依存するが，励起光からゲート時間の間には，ある程度のジッター（時間的ばらつき）が存在するので，特に励起直後（数ナノ秒）の時間分解スペクトルを測定するときには，高速オシロスコープを用いて励起時間とゲート時間を確認することが必要である．

数マイクロ秒以降の時間領域では，パルス点灯時間幅が数マイクロ秒程度のパルス Xe ランプとマルチチャンネル検出器を用いて過渡吸収スペクトルを測定できる．モニターパルスの点灯時刻をデジタルディレイ等の電気回路により設定し，検出器にはゲート機能性を持たないマルチチャンネル検出器を用いることが可能である．

3.2　過渡吸収信号の測定手順

各波長の過渡吸光度の時間変化を測定し，過渡吸収スペクトルを得る場合には図 3.2 に示すように，① モニター光，励起光とも遮断した条件で，まずダーク信号 $DS(t)$ を測定，② 励起光のみ遮断して

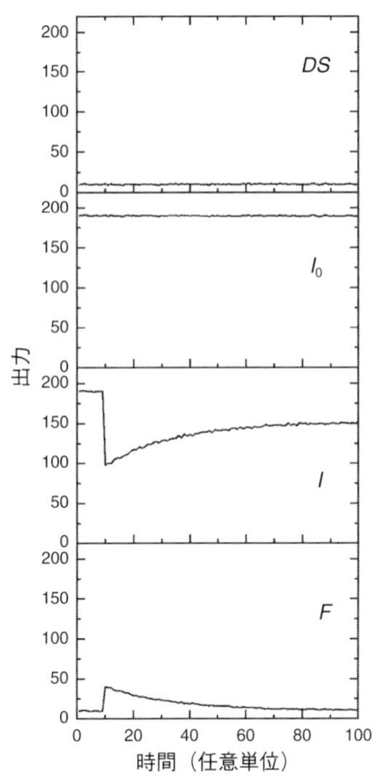

図 3.2　オシロスコープを用いた過渡吸収測定における，ダークシグナル（DS），発光（F），励起なしの場合のモニター光（I_0），励起のある場合のモニター光（I）の時間変化

励起光パルスは $t = 10$ において照射．

モニター光の時間変化 $I_0(t)$ を測定，③ 励起光を照射してモニター光の時間変化 $I(t)$ を測定，④ 励起光のみ照射して発光や散乱の時間変化 $F(t)$ を測定の 4 種の測定を行う．過渡吸光度の時間変化は，

$$\Delta A(t) = \log\left\{\frac{I_0(t) - DS(t)}{(I(t) - DS(t)) - (F(t) - DS(t))}\right\} \tag{3.1}$$

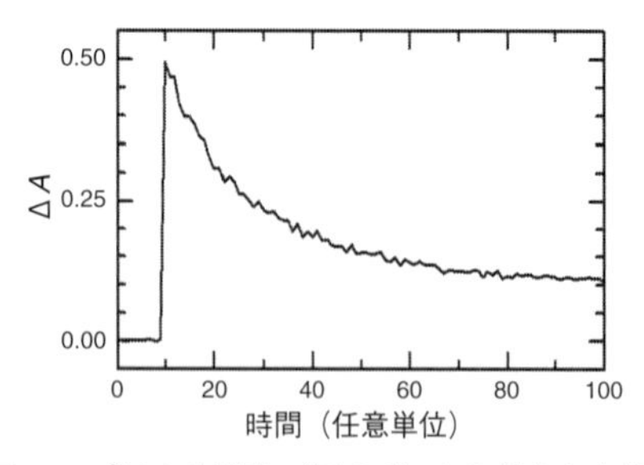

図 3.3　オシロスコープによる測定（図 3.2）から得られた過渡吸光度の時間変化

として与えられ，図 3.3 に示すような，ある観測波長における過渡吸光度の時間変化を得ることができる．実際にはそれぞれの信号に対して積算を行い S/N 比の良い信号を獲得する．ただし，光反応性が大きくまた循環できない試料に対しては，③ や ④ は 1 ショットのみで過渡吸光度の時間変化をまず測定し，その時間変化を積算するなどの測定手順の変更を行う．

上記の方法では，基本的にはオシロスコープの時間軸を変更することによって観測時間領域を変化させることができるが，過渡吸収スペクトルを測定するためには，既述のように，モニター波長を変化させ ① から ④ の測定を多数回行い，目的の時間 τ のスペクトルを得る．したがって光反応性の大きな試料では，多量の試料が必要となる．このような場合には，上で述べたような数ナノ秒以下の時間分解能を持つゲート付きマルチチャンネル検出器を用い，特定の遅延時間における時間分解スペクトルを測定することも必要となる．この場合も基本的には，① から ④ のように DS，I_0，I，F をスペクトルとして測定し過渡吸光度を計算する．

一般には励起パルスが照射された時間を測定上の時間原点として，

この点からの時間を励起後の観測時間とする場合が多い．図 3.3 や図 3.4 では $t = 10$ のところで励起パルスが照射されており，ここを $\Delta t = 0$ として観測時間を定義する．

3.3　ナノ秒より長い時間領域の過渡吸収の測定例

3.3.1　解離イオン種の反応過程の検出

電子受容体 A と電子供与体 D の間で進行する分子間光誘起電子移動反応に対しては，多くの研究がなされてきた．A もしくは D の励起状態との間で進行する電子移動反応により生成したイオン対（ラジカルイオン対）からは，式 (3.2a) や式 (3.2b) のような電荷再結合やイオン対内反応が進行するが，極性溶媒中では，式 (3.3) に示すように，熱運動によりクーロン引力を逃れる拡散過程であるイオン対の解離（イオン解離）も進行する [22].

$$A^-D^+ \rightarrow A \cdot D \tag{3.2a}$$

$$A^-D^+ \rightarrow P \tag{3.2b}$$

$$A^-D^+ \rightarrow A^- + D^+ \tag{3.3}$$

このイオン対の解離過程は，温度や溶媒極性，粘性にも依存するが，室温におけるアセトニトリルのような高極性，低粘性溶媒中では数 ns の時間スケールで進行する [23]．これらのイオン解離後の過程に関する研究は，ナノ秒 Q スイッチレーザーが化学反応ダイナミクスの研究に利用され始めた 1970 年ごろから 1990 年代までに活発に行われた．そのため反応ダイナミクスとしてはある程度確立しており，ナノ秒領域以降では一般的に進行する過程のひとつであることが知られている．

2.7.2 節でも述べたように，式 (3.4) に示す解離したイオンの出会い衝突による再結合過程は相互の拡散過程に支配されるので，その減衰過程は式 (3.5) のように表される．ここで k_2 は二次の反応速度定数であり，多くの場合ほぼ拡散律速速度定数と同程度の値を示す．またアニオンやカチオンの減衰が再結合による過程のみであれば，$[A^-][D^+]$ は式 (3.5) に示すように，それぞれの濃度の二乗として表すことができる．これらの結果，解離イオンの減衰は初期の $\mathrm{A^-}$ と $\mathrm{D^+}$ の濃度に依存するが，過渡吸収信号が測定可能な条件では，数マイクロ秒から数十マイクロ秒の時間領域で進行することが多い．

$$\mathrm{A^- + D^+ \xrightarrow{k_2} A^-\,D^+ \rightarrow A \cdot D} \tag{3.4}$$

$$\frac{\mathrm{d}[A^-]}{\mathrm{d}t} = \frac{\mathrm{d}[D^+]}{\mathrm{d}t} = -k_2[A^-][D^+] = -k_2[A^-]^2 = -k_2[D^+]^2 \tag{3.5}$$

光イオン化によって生成したカチオン–電子対からも極性溶媒中ではイオン解離が進行し，カチオンとアニオン種（溶媒和電子など）の間で，数十マイクロ秒の時間領域で再結合が起こる．図 3.4（a）には，ナノ秒エキシマーレーザー（351 nm）照射による *N*，*N*，*N′*，*N′*-テトラメチル-*p*-フェニレンジアミン（TMPD）の 2–プロパノール溶液のナノからマイクロ秒領域の過渡吸収スペクトルを示す [24]．550 nm および 620 nm の吸収は光イオン化により生成した TMPD のラジカルカチオンの吸収である．この吸収は，マイクロ秒から数十マイクロ秒の時間領域で減衰していく．図 3.4（b）には，570 nm でモニターした時間変化を示す．実線は過渡吸光度（ΔA），点線はその逆数（$1/\Delta A$）を示した．第 2 章でも述べたように，$1/\Delta A$ は時間に対して直線関係を示しており，ラジカルカチオンと溶媒和電子の間の二次反応によりイオン種が減衰していることがわかる．

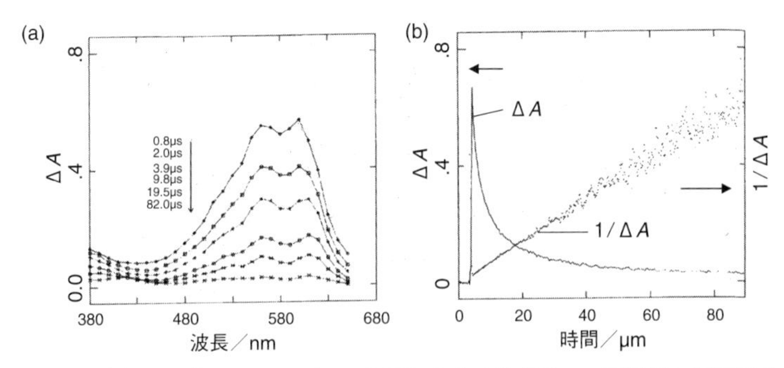

図 3.4　(a) 2–プロパノール中の TMPD のナノ秒 351 nm 励起による過渡吸収スペクトルと (b) 570 nm における過渡吸光度（実線）およびその逆数（点線）の時間変化 [24]　[ACS より許可を得て転載]

以上の過程は解離したイオンが，主に二次反応的な再結合により失活する場合に対応するが，他分子と反応を行う場合もある．このような反応例を以下に示す．ベンゾフェノン (BP) は，光励起後迅速な (約 10 ps) 系間交差により三重項状態 (^{3}BP*) を生成する．この ^{3}BP* は電子受容体として他分子との間で電子移動反応を行うとともに，水素引き抜き反応によりベンゾフェノンケチルラジカル (BPH·) を生成することが知られている．図 3.5 (a) には電子供与性の 1,4-ジアザビシクロ [2.2.2] オクタン (DABCO) を 0.01 M 含むアセトニトリル溶液中の BP 系のナノ秒 351 nm パルスレーザー励起による過渡吸収スペクトルを示す [25]．励起後 20 ns に観測される 700 nm に極大を持つ吸収帯は BP アニオンラジカル (BP^-) に，480–550 nm 付近のブロードな吸収は DABCO カチオンラジカル (AH^+) に同定できる．励起後 20 ns には，$^3BP* + AH \rightarrow (BP^-AH^+) \rightarrow BP^- + AH^+$ の過程は終了しており，ここで観測しているイオン種は解離イオンである．時間の経過とともに，これらの解離イオンは再結合により

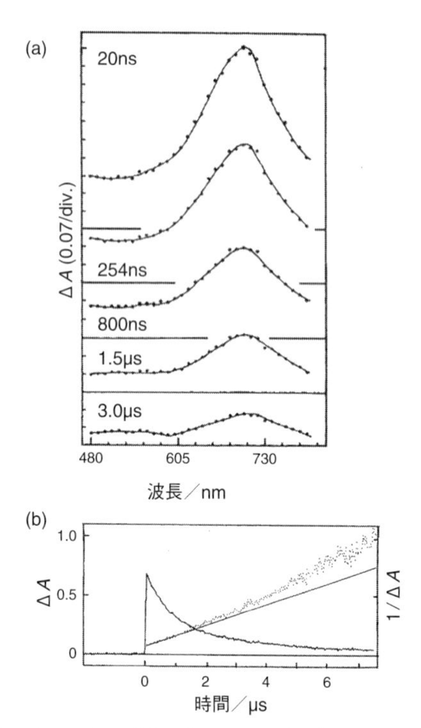

図 3.5　(a) ベンゾフェノン–DABCO (0.01 M) (アセトニトリル溶液系) のナノ秒 351 nm レーザー励起による過渡吸収スペクトルと (b) 700 nm で観測した過渡吸光度 (実線) およびその逆数 (点線) の時間変化 [25]
直線は，時間初期の $1/\Delta A$ と t の間の直線間系を示す．[Elsevier より許可を得て転載]

減衰していく．図 3.5 (b) には，700 nm でモニターした過渡吸収の時間変化を示した．$1/\Delta A$ は，最初は遅延時間 t に対して直線関係を示すが，時間の経過とともに上にずれる．これは，AH^+ との再結合に加えて，式 (2.18) にも示したように，他の一次もしくは擬一

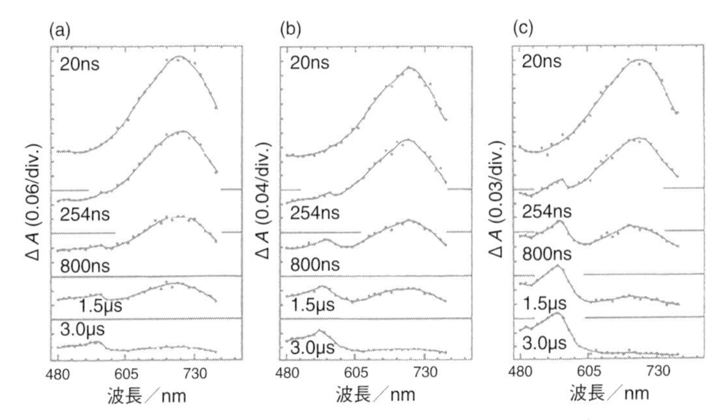

図 3.6 ベンゾフェノン–DABCO アセトニトリル溶液系のナノ秒 351 nm レーザー励起による過渡吸収スペクトルに対する DABCO の濃度効果 [25]
DABCO の濃度は，(a) 0.1 M，(b) 0.3 M，(c) 1.0 M．［Elsevier より許可を得て転載］

次過程の反応も同時に進行していることを示唆する．

図 3.6 には DABCO の濃度を変えて測定した過渡吸収スペクトルを示す．DABCO の濃度が高くなるとともに，700 nm 付近の BP^- の過渡吸収の減衰後に現れる 545 nm の新たな吸収が増大することがわかる．この吸収は極大波長やスペクトル形状からベンゾフェノンケチルラジカル（BPH·）に同定できる．すなわち，式 (3.6) に示すよう BP^- は二次反応による再結合過程とともに，AH と反応して BPH· を生成することがわかる．

$$BP^- + AH^+ \rightarrow BP + AH \tag{3.6a}$$

$$BP^- + AH \rightarrow BPH\cdot + A^- \tag{3.6b}$$

この実験条件では，BP^- の濃度に比べて DABCO の濃度は圧倒

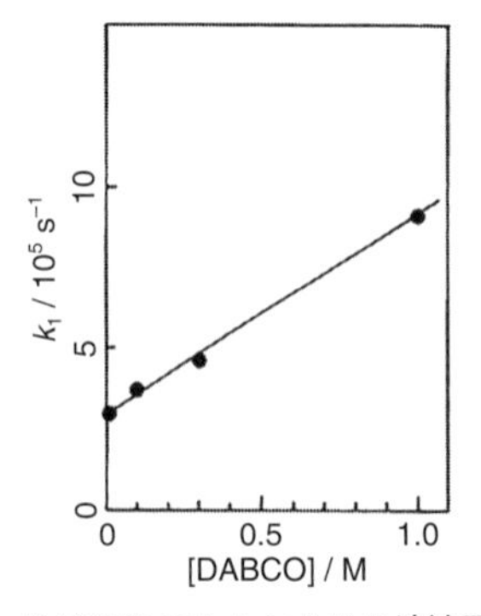

図 3.7　ベンゾフェノン–DABCO アセトニトリル溶液系のナノ秒 351 nm レーザー励起による BP^- のマイクロ秒領域の時間変化の解析から得られた一次の減衰の速度定数（k_1）と DABCO 濃度の関係 [25].［Elsevier より許可を得て転載］

的に多いので，BPH・を生成する反応は擬似一次反応と見なすことができる．この擬似一次過程の反応速度と，DABCO の濃度との関係を図 3.7 に示した．この速度は DABCO の濃度に一次に比例しており，式 (3.6) に示した反応スキームが妥当であることを示す．DABCO 濃度が 0 のときの接点は，BP^- の分解もしくは溶媒の不純物と BP^- の間の反応と考えられている．このように，一次や二次の反応過程が関わる時間変化に対しても，消光剤の濃度依存性や，励起光強度依存性などを総合的に測定することにより，比較的複雑な反応機構の詳細を解明することが可能となる．

3.3.2　分子内反応過程の測定

光照射により化学結合の開裂が進行する分子系は広く知られている．結合開裂反応はフェムト秒からピコ秒の短時間領域で進行する

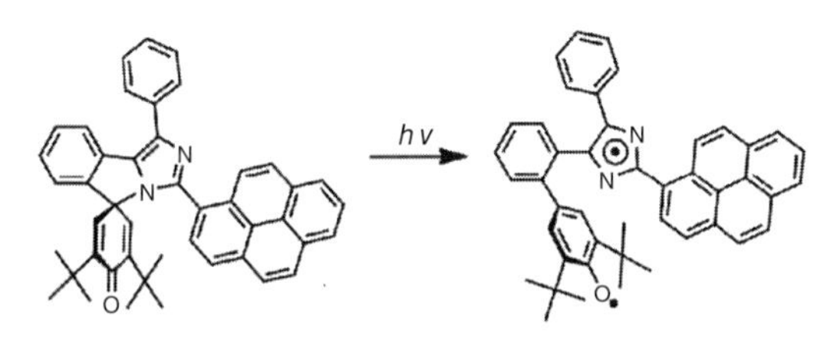

図 3.8　Py-RPIC の光解離反応 [26]［ACS より許可を得て転載］

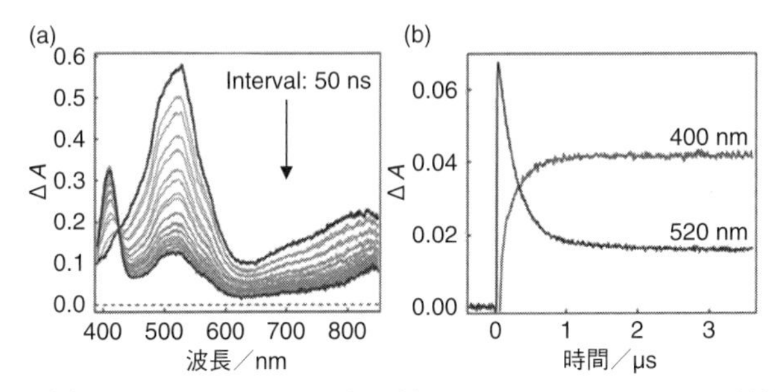

図 3.9　(a) ナノ秒 355 nm レーザー励起による Py-RPIC ベンゼン溶液系の過渡吸収スペクトル．励起後 100 ns から 50 ns ごとに測定．(b) 観測波長 400 および 520 nm の時間依存性 [26]．［ACS より許可を得て転載］

ものも多いが，生成した中間体から新たな化学種が生成する過程には，比較的長い時間領域で進行するものも存在する．これらの反応過程の検出にナノ秒以降の過渡吸収スペクトル測定を応用した一例を以下に示す．

図 3.8 に示す分子（Py-RPIC）は，光照射により N–C の結合開裂が迅速に進行し，ビラジカル中間体（右側）を生成する [26]．図 3.9 (a) には，この Py-RPIC のトルエン溶液を 355 nm ナノ秒レーザー励起して得られた 100 ns 以降の過渡吸収スペクトルを示す．

励起後 100 ns で観測される 530 および 850 nm 付近の吸収帯は，結合開裂により生成したビラジカルによるものである．この吸収帯はサブマイクロ秒の時間域で減衰し，新たに 405 nm 付近に極大を持つ吸収が現れる．520 および 400 nm でモニターした時間変化（図 3.9（b））は，ビラジカルの吸収（520 nm）の減衰と新たな吸収の立ち上がり（400 nm）は，それぞれ単一指数関数的に進行し，それらの時定数は同一であることを示している．この結果から，新たな化学種はビラジカルから生成したものであることがわかる．時間分解赤外吸収の測定結果なども含めた考察により，この新たな化学種はキノイド型構造を持つ異性体に同定された．

このビラジカルからキノイドへの変化とともに，過渡吸収スペクトルは変化するが，これらの変化の終了した約 1 μs 秒以降にも 520 および 850 nm 付近のビラジカルの吸収帯は残っている．このことから，ビラジカルはキノイドにすべて変換されるのではなく，この 2 つの化学種が平衡になる過程として，スペクトル変化が進行していることがわかる．なお，このスペクトル変化の間に 425 nm の過渡吸光度は一定値を示しており，これはこの波長においてビラジカルとキノイドの分子吸光係数が等しいことによる（等吸収点）．

この平衡状態が達成された後の過渡吸収スペクトルの時間変化を図 3.10（a）に示す．数十ミリ秒の時間域で，スペクトルの形状は変化せず，その強度が単調に減衰している．520 nm でモニターした過渡吸光度の時間変化は（図 3.10（b）），単一指数関数的にゼロまで減衰した．過渡吸光度は，励起前の吸光度と励起後の吸光度の差として与えられるので，完全にゼロまで減衰する結果は，少なくともこの観測波長に吸収を持つ化学種は生成されていないことを示す．さらに過渡吸収測定後の定常吸収スペクトルは，測定前のものと比べて変化が見られないことから，この数十ミリ秒の時間域にお

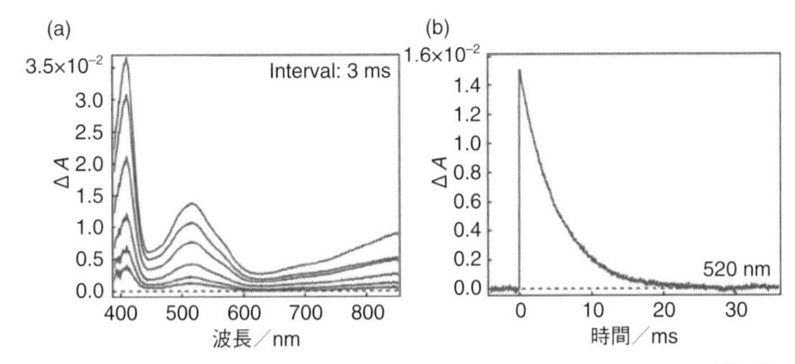

図 3.10　(a) ナノ秒 355 nm レーザー励起による Py-RPIC ベンゼン溶液系の過渡吸収スペクトル．励起後 x ms から 3 ms ごとに測定．(b) 観測波長 520 nm の時間依存性 [26]．［ACS より許可を得て転載］

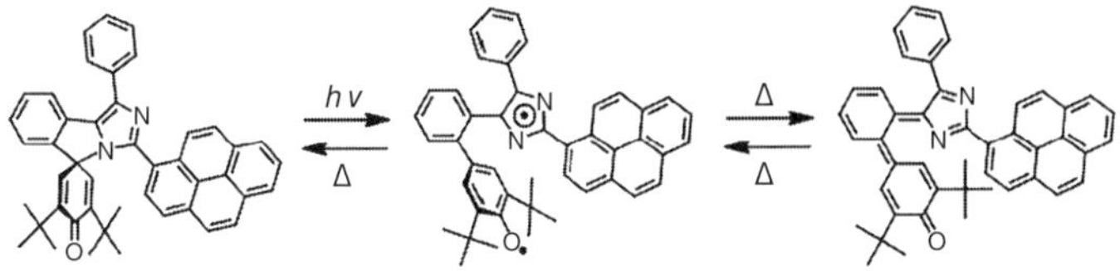

図 3.11　Py-RPIC の光解離と再結合反応 [26]［ACS より許可を得て転載］

ける過渡吸収スペクトルの減衰は，再結合により元の Py-RPIC へと戻る過程であることが示された．

これらの結果から Py-RPIC 系の光反応は，図 3.11 に示すように，光励起後迅速に生成したビラジカル状態が，サブマイクロ秒の時間域でキノイドと平衡になり，その平衡を保ちながら数十ミリ秒の時間領域で元の Py-RPIC へと再結合により戻っていくことが明らかになった．これらの類似化合物の光反応やその詳細についても同様に明らかにされている [27]．

以上のように，過渡吸収スペクトル測定と解析，また必要に応じて，他の測定結果や過渡吸収測定前後の試料の変化の確認などを組み合わせて考察を行うことで，詳細な反応機構を明らかにすることが可能となる．

コラム1

新しいサブナノ秒過渡吸収測定システム：その特徴と応用例

過渡吸収分光ではフェムト秒オーダーから秒オーダーまでの非常に広い時間域が測定対象となるが，光学的遅延を利用したポンプ・プローブ法は長くて数ナノ秒程度が限界で，一方で連続モニター光と高速検出器を使った方法では数ナノ秒以上の測定しかできない．したがってナノ秒の時間域をまたがるような反応，例えば項間交差を経て三重項励起状態から基底状態に戻るような一連の過程を 1 つの装置で観測するには，非常に大掛かりで高価な装置を必要とした．最近，0.1 ns のパルス幅をもつ周期約 50 ns の高繰り返しスーパーコンチニュウム光（白色レーザー光源）をプローブ光とし，ポンプ光とは同期させず遅延時間を受動的に求めることで，0.1 ns の時間分解能をもちながらマイクロ秒・ミリ秒までを測定できる手法，Randomly Interleaved Pulse Train 法（RIPT 法，リプト法）が，日本の計測機器メーカーにより提案され [1]，産学連携開発によりテーブルトップサイズの測定システムとして市販化された（図 1）．

リプト法の活用例として，化学修飾によってさまざまな光機能性材料への展開が可能なフラーレン C_{60} ／トルエン溶液の測定結果を図 2 に示す．単体のフラーレンは光吸収によって一重項励起状態（S_1）を生成し，1 に近い量子収率で項間交差して三重項励起状態（T_1）を生成すること，また微弱ながら蛍光を発しその寿命は 1.0 ns であることがわかっている．リプト法で波長を変えながら測定すると可視から近赤外の波長範囲に渡って連続的な過渡吸収スペクトルを再構成することができ，S_1 に帰属される過渡吸収信号が 1.0 ns の寿命で減衰するとともに，その寿命と等しい時定数で T_1 に帰属される過渡吸収信号が上昇し，その後マイクロ秒オーダーで減衰する（S_0 に戻る）様子が見てとれる．

リプト法は汎用性の高い測定法であるためさまざまな光応答性材料に広く適用でき，今後多くの光化学研究で重要な知見をもたらすことが期待される．

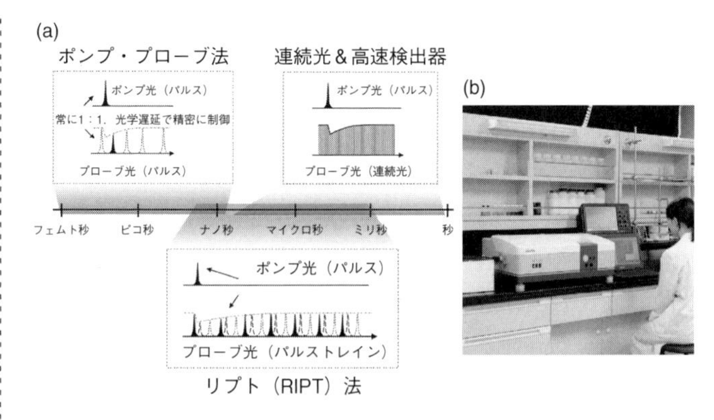

図１　３つの過渡吸収測定手法と測定できる時間域（a）とリプト法によるテーブルトップサイズの測定システム（b）

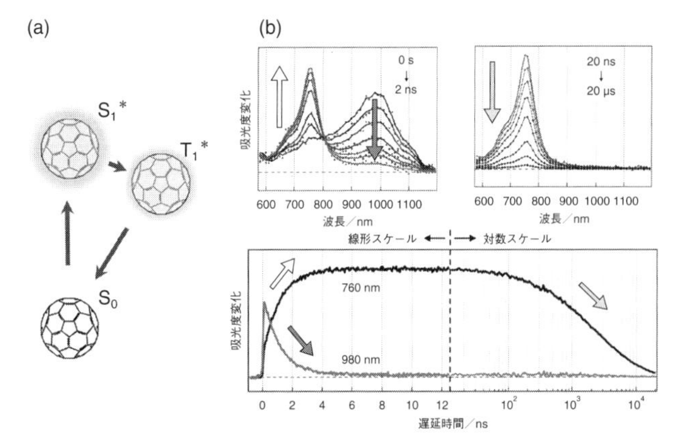

図２　単体のフラーレン C_{60} の光化学反応（a）とリプト法によるフラーレンの過渡吸収信号（b）

[1] T. Nakagawa, K. Okamoto, H. Hanada, R. Katoh：*Opt. Lett.*, **41**, 1498 (2016)

（株式会社ユニソク　中川達央）

第4章

ピコ秒・フェムト秒時間領域の過渡吸収測定

4.1 ピコ秒・フェムト秒領域の過渡吸収測定装置

ピコ秒からフェムト秒の時間領域の過渡吸収スペクトルの測定装置の構成を図 4.1 に示す．第 2 章でも述べたように，この時間領域では，励起光，モニター光ともに，短時間光パルスを用いることが一般的である．励起光源としては，表 2.1 に示したようなモード同期パルスレーザーの発振器と増幅器を基本としたレーザーシステムの出力の基本波あるいは高調波，また光学パラメトリック効果により波長変換させてパルス光が用いられることが多い．

モニター光源は，励起光とのジッターを避けるために，一般的には励起光源として用いるレーザーの出力を，必要に応じて波長変換し用いる．励起光と同様に，基本波，高調波や光学パラメトリック効果により波長変換させた短時間パルス光，また，短時間パルスを種々の物質に集光して得られる白色光（super-continuum）などがモニター光パルスとして用いられる．この白色光の詳細は後述する．パルス時間幅が 10 ps 以上のレーザーでは，そのスペクトル幅は 1 nm 以下の場合が多いが，一方，100 fs 以内のレーザーのスペクトル幅は可視域で 10～数十ナノメートル以上になる．特に 10～20 fs 程度のパルスでは，その可視域のスペクトル幅は 100 nm 以上になるので，このパルス光をモニター光源としてそのまま用いることで，限

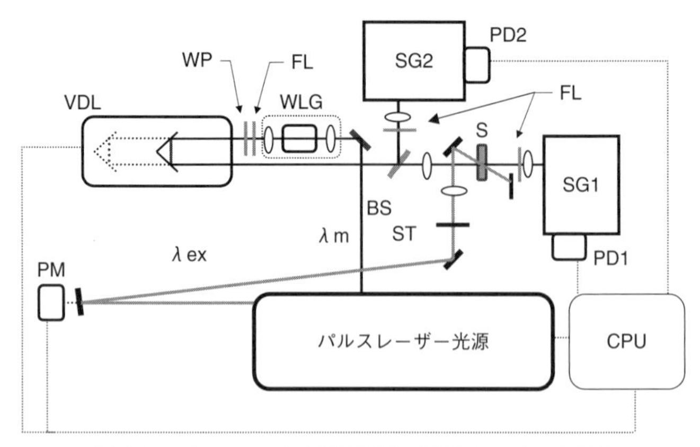

図 4.1　ピコ〜フェムト秒過渡吸収測定システムの構成
WLG：パルス白色光発生部，FL：光学フィルター，WP：波長板，VDL：光学遅延台，BS：ビームスプリッター，S：測定試料，PM：パワーモニター用光検出器，SG：分光器，PD：光検出器，ST：シャッター，CPU：制御用コンピューター．λ_{ex} と λ_{m} は，それぞれ励起光および白色光発生用の光を示す．

られた波長範囲ではあるがスペクトル測定も可能になる．

前述のように，ピコ秒からフェムト秒の時間領域ではオシロスコープなどの電気回路によって時間掃引を行うことは難しい．そのため，励起レーザー照射後の観測時間を変化させるためには，光学遅延台（Optical Variable Delay Line：VDL）と呼ばれる一次元のステージを利用し，励起あるいはモニターレーザーパルスの光源から試料までの光路長を変化させ，励起光とモニター光の間に光路差 ΔL を与える．光速から計算すると，$\Delta L = 3\,\mathrm{cm}$ は 100 ps，3 mm は 10 ps，3 μm は 10 fs に対応する．特に数フェムト秒から数ピコ秒程度の測定のためには，1 ステップが 50 nm（往復で 100 nm，0.33 fs に対応）程度の間隔の光学遅延台を用いる．しかしこのような短ステップ長の光学遅延台のストローク長はせいぜい数センチメートル以下であるため，測定可能な時間範囲は100 ps程度に限られる．一方2 m程度の長いストローク長を持つステージでは10 ns以上の時間を掃引できるが，短いストローク長のものに比べて位置決め精度，またステップ長などが荒いものも多いので，観測したい時間域に合った光学遅延台を選択する．また長い光学遅延台ではレールの平坦性を保つことも難しく，数ナノ秒から10 ns程度までの測定を行う場合には注意が必要である．光学遅延台上に置く折り返しミラーにはレトロリフレクターを用いると光学系の調整が非常に容易になる．

ピコ秒からフェムト秒の過渡吸収測定では，図4.1に示すように励起光とモニター光は同軸もしくはやや斜めに入射させる．これは，第2章でも述べたように，ナノ秒以降の測定のように励起光とモニター光の光軸を直交配置にすると，試料中のモニター光の光路に沿って励起光との遅延時間に時間差が生じるためである．試料光学セルの長さは，せいぜい1 cm程度であるが，試料の屈折率を考慮に入れると，光が通過する時間は約50 ps程度となる．数ナノ秒以降の時間変化の観測に対してはこの時間差は無視できるので，直交型の光学配置として二次反応の解析が容易となるようにすることが望ましいが，ピコ秒からフェムト秒の測定においてはこの時間差は時間分解能に大きな影響を与える．またこの時間領域では，固体中などのように励起分子が高密度に生成する場合を除けば，二次の減衰が問題になる場合は少ない．

屈折率は一般には波長に依存するので，溶液や固体などでは波長が異なれば，励起光とモニター光の速度は試料内で異なる．この速度差は小さなものではあるが，数十フェムト秒以内の時間分解能の測定を行うためには，試料の光路長を0.5〜1 mm以下と短くする必要がある．

一般には，励起光もモニター光も偏光している．そのため，溶液のような等方的な試料においても，励起光の偏光方向に遷移モーメントを持つ基底状態分子が選択的に励起される．後述のように，溶液中では回転緩和などによりこの異方性は消失するが，その時間は分子の大きさや溶媒の粘性に依存し，一般には数ピコ秒から数百ピコ秒程度である [28]．そのため，超短パルスで励起した直後には，過渡吸光度はモニター光の偏光方向に依存して，その値が異なる（過渡吸収二色性）．通常はこの過渡吸収二色性の影響を避けるために，モニター光を円偏光とするか，励起光の偏光方向に対してマジックアングル（54.7 度）に調整して用いる．

4.2　モニター光パルスと検出器

先述のように，幅広い波長領域をカバーするスペクトル測定では，短時間パルスレーザー光を種々の物質に集光して得られる白色光（super-continuum）がモニター光として使用されている．白色光発生媒質としてピコ秒領域では 10cm 程度の光路長を持つセルに入れた水や重水，あるいはその混合物などが用いられる．一方，フェムト秒領域でも光路長の短いセルに入った水や重水を用いる場合もあるが，後に述べる白色光の分散を抑えるために薄い液体ジェットシートやサファイヤ板，フッ化カルシウム板などを用いることも多い．繰り返し周波数の高いレーザーでは，液体中の気泡発生，固体ではレーザーによるクラックの生成などが起こるので，液体の循環，固体では回転ステージなどを用い照射位置を変える必要がある．白色光発生のためのエネルギーは入射するレーザーの波長や空間モード，またレーザーパルス幅に最も大きく依存する．たとえば 30 ps 程度のパルス幅のレーザーでは 10〜20 mJ/パルス以上のエネルギーが必要であるが，100 fs では数マイクロジュール以下，50 fs ではより小さな出力でも白色光を発生できる．

白色光のスペクトル波長範囲は，発生媒質や集光するパルスレーザーの波長，パルス時間幅などに依存するが，可視から近赤外のパルスレーザーを用いた場合には，400〜1200 nm 程度の波長範囲の白色光が比較的容易に発生できる．一方，紫外光の白色光発生のためには，集光するパルスレーザーの波長が 400〜450 nm 以下であることが望ましい．

2.2 節でも述べたように，モニター光の検出器には高い時間分解能は必要なく，かつては写真フィルムなども用いられていた．現在ではフォトダイオードや，白色光の検出に対しては MCPD（マルチチャンネルフォトダイオードアレイ）や CCD などのラインセンサー型の電子素子が用いられることが多い．MCPD と CCD にはそれぞれ特徴があるが，一般に CCD は MCPD より感度が高い．一方，MCPD は暗電流ノイズが小さくウェルキャパシティ（飽和容量）が高いので，素子上での多数回の積算（多重露光）が可能となる．フォトダイオードも種々の感度や方式の異なるものが市販されているので，測定の目的に合致した特徴を持つものを選択する．

パルス白色光（super-continuum）の発生は非線形現象であるので，白色光スペクトルの形状やその絶対強度は，入射レーザー光のパルス幅，強度，空間モード，時間プロファイルなどに敏感に依存する．そのため，一定のスペクトルや強度を得ることは難しい．そこで試料透過前にビームスプリッターで白色光の一部を反射させ，図 4.1 に示した分光器（SG2）および光検出器（PD2）に導き，絶対強度やスペクトルの参照とする．試料を励起した場合としなかった場合の光検出器（PD1）で観測されたモニター光強度を，それぞれ I_{1E}，I_{10}，同様に光検出器 (PD2) で観測された光強度を，I_{2E} と

I_{20} とすると，過渡吸光度は式(4.1)のように与えられる．なお I_{1F} は，励起光のみを試料に照射したときにPD1で検出される信号であり，主に試料からの発光に対応する．また各出力からはダーク信号を差し引いて用いる．

$$\Delta A = \log\left\{\frac{I_{10}}{I_{20}} \cdot \frac{I_{2E}}{(I_{1E} - I_{1F})}\right\} \tag{4.1}$$

先述のように，吸光度を定義するランベルト・ベールの式はモニター光強度が無限に小さいときに成り立つ関係である．そのため，実際の測定では，モニター光強度は励起光の数百分の1以下の条件で測定する必要がある．励起光強度として数ナノジュール程度の出力を用いた場合，過渡吸光度として信号を得るためにはモニター光強度はピコジュールからフェムトジュール程度の強度に保つ必要があり，検出器の測定限界以下になる場合も多い．このような場合には，比較的強度の大きなモニター光を用いて，励起によるモニター光の透過強度の変化分（ΔT）をロックインアンプなどにより選択的に検出する方法も用いられる．モニター光の透過光強度の変化である ΔT は過渡吸光度 ΔA とは異なるが，ΔA が小さい場合には($\Delta A < 10^{-3}$)，ΔT は正負の符号は逆転するが ΔA に比例する．したがって，時定数を求めるだけであれば，この方法でも時間変化の検出が可能となる．

過渡吸収測定における時間原点（$t = 0$）は，励起光パルスとモニター光パルスが同時に試料に到達した時間として定義されることが多い．励起光パルスの時間積分によって励起分子が生成するときには，過渡吸光度の立ち上がりを測定した場合，立ち上がりきった過渡吸光度の半分となる時刻は励起光パルスとモニター光パルスが同時に試料に到達した時間に対応する．しかし実際には，第2章で述べた内部フィルター効果などにより，単純に励起パルスの時間積分にしたがって励起分子が生成するわけではない．また振動緩和などによるスペクトル変化も，過渡吸光度に影響を与える．したがって実験的には，励起と同時に生成し（多くの場合には一重項励起状態），励起直後の振動緩和などによる過渡吸光度の変化が無視できるようモニター波長で過渡吸光度の立ち上がりを測定し，立ち上がりきった過渡吸光度の半分となる時刻を時間原点とすることが多い．より正確な時間原点の決定には，試料位置で励起光とモニター光を用いた和周波発生などの相関測定を行うことが必要となる．なお振動緩和によるスペクトル変化については，4.5 節で述べる．

4.3 パルス白色光の群速度分散

時間領域の幅広い波長範囲のスペクトル測定に利用されるパルス白色光（super-continuum）は，集光する短時間パルスの立ち上がり部分で長波長部が発生し，立ち下がり部分で短波長部光が発生する [29]．また通常の物質の屈折率には波長依存性（分散）があり，一般的には短波長部の方が屈折率は大きい．したがって白色光は，その発生時から短波長が遅れて生成することに加えて，レンズなどの光学素子を透過するたびに，長波長部と短波長部の時間差が増大する．そのため，特にフェムト秒レーザーを用いた実際の過渡吸収スペクトルの測定では，白色光発生後にはできるだけレンズは使用せず，凹面鏡などを用いて白色光の分散を抑えて試料に導く．しかし，このように留意しても分散を完全になくすことはできないので，同じパルス白色光内でも励起光が照射されてからの観測遅延時間はモニター波長に依存したものとなる．このようなパルス白色光の群速度分散は chirping とも呼ばれている．

この白色光の分散の情報を簡便に取得するためには，4.4 節で述べ

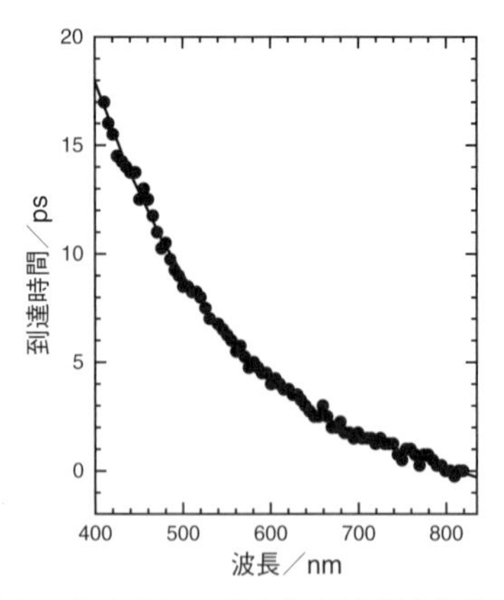

図 4.2　パルス幅 15 ps の 1064 nm 光を水–重水混合液体（光路長 10 cm）に集光し発生した白色光（super-continuum）の試料への到達時間の波長依存性

るような光学カー効果（Kerr effect）を利用した測定が用いられる場合も多い．図 4.2 には測定結果の一例として，パルス幅 15 ps の 1064 nm 光を水–重水混合液体に集光して発生した白色光の試料への到達時間の波長依存性を示す．400 nm 付近のモニター光の到達時間は 800 nm 付近と比べて，パルス半値幅の 15 ps 以上遅れて試料に到達することがわかる．

図 4.3 には，時間原点付近の過渡吸光度の時間変化の測定結果に対する，この分散（到達時間分布）の影響を模式的に示した．それぞれの時間変化に示す λ_i は観測波長を示し，$\lambda_1 < \lambda_2 < \lambda_3 < \lambda_4 < \lambda_5$ と長波長へと変化する．横軸の時間は光学遅延台のミラー位置の移動距離から求めた値であり，この図ではモニター白色光の λ_3 の波長に対応するパルスと励起光パルスが同時に試料に到達する時間に対応する．先述のように一般的には短波長のモニター光は，長波長

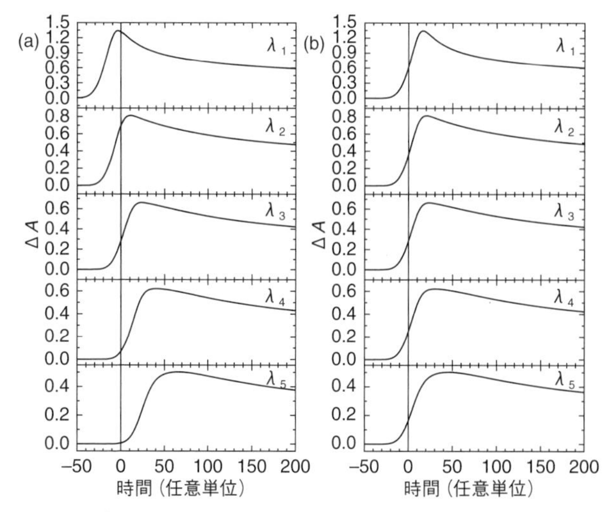

図 4.3　時間原点付近の過渡吸光度の時間変化に対する白色光の波長に依存した到達時間分布の影響

λ_i は観測波長を示し，$\lambda_1 < \lambda_2 < \lambda_3 < \lambda_4 < \lambda_5$．（a）測定結果．（b）到達時間分布を補正した結果．

のモニター光と比べて遅れて試料に到達する．したがって，光学遅延台の掃引距離が同じでも，短波長光は長波長光よりは励起光に対して遅れて試料をモニターするので，図 4.3（a）に示すように，短波長の過渡吸光度は長波長に比べて早く立ち上がるような時間依存性が得られる．実際の測定結果に対しては，各波長の時間変化を図 4.2 に示したような実測値を用いて時間軸を補正し，図 4.3（b）に示すような時間原点が揃った変化を得ることができる．

過渡吸光度の時間変化のみならず，時間分解スペクトルに対しても同様の補正が必要となる．実際の測定では参照試料の過渡吸収の立ち上がりなどによって，白色光の中の特定の波長で時間原点をあ

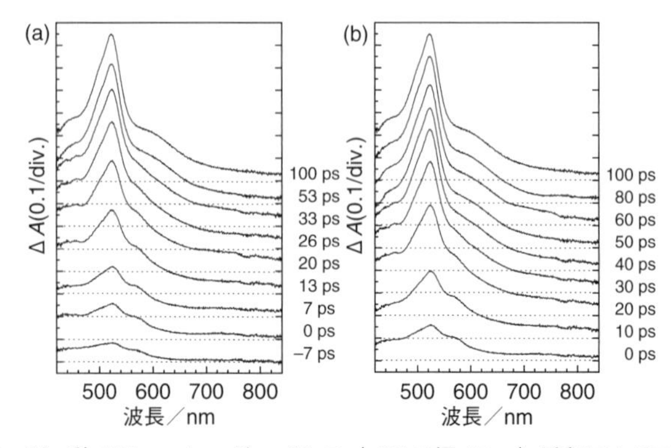

図 4.4　ピコ秒 355 nm レーザーパルス（パルス幅 15 ps）励起によるアセトニトリル溶液中のベンゾフェノンの時間分解過渡吸収スペクトル
(a) モニター光の到達時間分解の補正なし，(b) 補正を行ったあとのスペクトル．

らかじめ決定する．その後，この波長における時間原点を基に光学遅延台を掃引して，目的試料の過渡吸収スペクトルを測定する．このように測定されたスペクトルは，観測波長に依存して観測時間が異なっている．すべての観測波長において，励起光とモニター光のパルスとしての遅延時間が同一のスペクトルを得るためには，光学遅延台を細かく掃引し，多くのスペクトルを測定して白色光の分散（波長に依存した試料への到達時間の違い）を補正して，時間分解スペクトルを得る必要がある．

図 4.4 (a) には，ピコ秒 355 nm レーザーパルス励起によるベンゾフェノンのアセトニトリル溶液の時間分解過渡吸収スペクトルを示した．ベンゾフェノンの $S_n \leftarrow S_1$ 吸収の極大波長は 570 nm であるがその分子吸光係数は比較的小さく，アセトニトリル中では 10 ps の時定数で S_1 から三重項（T_1）状態へと系間交差を行う．$T_n \leftarrow T_1$ 吸収の極大は 525 nm であり，励起後 50 ps 以降の吸収は $T_n \leftarrow T_1$

吸収と一致する．時間原点付近の実測のスペクトル（図 4.4（a））でも 570 nm に吸収が見られているが，短波長部の吸収が相対的に強く観測される．これは，短波長部のモニター光が時間的には遅れて試料に到達するからである．図 4.2 に示した白色光の波長による到達時間分布を用いて補正したスペクトルを図 4.4（b）に示した．図 4.4（a）で見られたような左上がりのスペクトルが補正されていることがわかる．

このような白色光の時間分散の補正は，パルス幅程度の時間領域だけでなく，励起されて生成した中間体の生成や減衰が，白色光の到達時間分布程度の場合には必要であり，概ねパルス半値幅の 10 倍から数十倍程度の時間領域ではこの補正を行う．

4.4　過渡複屈折と過渡吸収二色性

偏光した励起光を溶液のような等方的な試料に入射すると，この偏光方向に遷移モーメントを持つ分子が選択的に励起され，異方的に励起分子が生成する．したがって，モニター光の偏光方向が励起光に平行な場合と垂直な場合で過渡吸光度には違いが生じる（二色性）．一般的には，入射光に対する物質の応答は複素感受率（電気感受率）と光の電場の積として表され，複素成分は光の吸収に，実部の応答は光の電場の位相の変化（屈折率）に対応する．したがって，入射光の波長に吸収を持たない等方的な試料を偏光した光で照射した場合でも，この偏光方向に対して平行と垂直の方向では屈折率が異なることになり，複屈折が誘起される．ここでは，まずこれらの過渡複屈折や吸収二色性の測定の原理を示し，過渡吸収二色性測定の測定例や過渡複屈折を利用したピコ秒白色光の時間分散の応用例を紹介する．

4.4.1　過渡複屈折・過渡二色性の測定光学系

図4.5 (a) には，過渡複屈折および過渡二色性の双方の測定に利用可能な光学系を示した[30]．励起光もモニター光も直線偏光したパルスを用い，モニター光の偏光は励起光に対して45度の角度を持つ．モニター光の検出系の前にはその偏光方向に直交する偏光子（検光子）が置かれており，溶液のような等方的試料を用いた場合には，励起光の照射がないときには検光子を通過する信号強度はゼロとなる．Y軸に沿った偏光励起光を照射すると，異方的に励起分子が生成し，X軸とY軸方向の過渡吸収強度は異なる．複屈折の場合にもX軸とY軸方向の異なる屈折率が誘起される．これらの結果，モニター光の偏光面が変化し検光子を通過する信号が観測される．

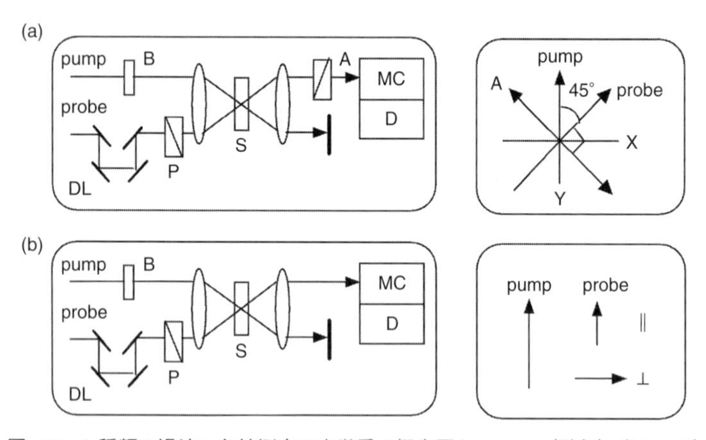

図4.5　2種類の過渡二色性測定の光学系の概念図とpump（励起）光およびprobe（モニター）光の偏光方向[31]

DL：光学遅延台，B：位相変換素子，P：偏光子，S：試料，A：検光子，MC：分光器，D：光検出器．［レーザー学会から許可を得て転載］

一方，このような X 軸と Y 軸方向の過渡吸光度や屈折率の違いが消失すれば，また信号強度はゼロとなる．したがって，バックグランドフリー（励起光のないときは透過光が基本的にゼロとなる）条件で過渡吸収二色性や過渡複屈折の時間変化を観測できるという利点を持ち，広いダイナミックレンジの測定が可能となる．

この手法を用いて観測される過渡二色性に基づく信号強度の時間依存性 $I(t)$ は，式 (4.2) で表される．

$$I(t) \propto (P(t) \times R(t))^2 \tag{4.2}$$

$P(t)$ は励起光の吸収により生成した中間体の総量の時間変化に対応し $R(t)$ は過渡二色性の消失過程を示す．過渡複屈折の場合では，実際に励起されて生成する中間体は存在しないので，その時間の依存性は複屈折の原因となる電子分極や密度変化，分子回転などによる．$P(t)$ および $R(t)$ が，それぞれ τ_{P}，τ_{R} の時定数を持つ単一指数関数時定数で表される場合，$I(t)$ の時間変化の時定数 τ_{I} は，

$$\frac{1}{\tau_{\mathrm{I}}} = 2\left(\frac{1}{\tau_{\mathrm{P}}} + \frac{1}{\tau_{\mathrm{R}}}\right) \tag{4.3}$$

となり，τ_{R} は式 (4.4) で与えられる．

$$\frac{1}{\tau_{\mathrm{R}}} = \frac{1}{2}\left(\frac{1}{\tau_{\mathrm{I}}} - \frac{2}{\tau_{\mathrm{P}}}\right) \tag{4.4}$$

この方法はバックグランドフリーで信号を高感度に測定できるなどの利点も多いが $P(t)$ は通常の過渡吸収測定によって決定する必要があり，さらに $1/\tau_{\mathrm{P}}$ が大きい場合（$P(t)$ の減衰が速い場合）には $1/\tau_{\mathrm{I}}$ と $2/\tau_{\mathrm{P}}$ は非常に近い値となるので，実験的に $1/\tau_{\mathrm{R}}$ を決定することが困難になる．このような場合には後述の図 4.5（b）の光

学系を用いて，過渡吸収二色性を測定した方が，時定数としては確度の高い値が得られる．

図 4.5 (a) の光学系を用いた例として，エタノール溶液中のローダミン B の過渡吸収二色性の測定結果を図 4.6 に示した．この測定ではピコ秒レーザー（532 nm，半値幅 15 ps）を励起光とし，プローブ光には同じレーザーの基本波（1064 nm）により発生させたピコ秒白色光を用いてホモダイン条件で測定している [31]．光検出系にはイメージインテンシファイヤーを装着した MCPD（ii-MCPD）システムを用いて 400 から 850 nm の広い波長範囲にわたる信号を同時に測定した．広範囲の波長域の測定を行うことによって過渡二色性スペクトルと過渡吸収スペクトルの対応が可能となるので，信号の同定やダイナミクスの解明が容易になる．観測波長 560 nm は，主に S_1 状態の回転緩和（回転拡散）による過渡二色性の時間変化に対応する．また時間原点付近に現れる溶媒の非線形応答に由来する信号を除くため，この測定では励起光強度を $10\,\mu J/mm^2$ 以下に抑えている．この図に示すように，約 3 桁程度のダイナミックレンジにわたり単一指数関数で減衰する過渡二色性の時間依存性が得られており，観測された減衰時定数 91 ps，またローダミン B の蛍光寿命（τ_P）3.2 ns を用いると，式 (4.4) から回転緩和による異方性解消の時定数は 190 ps と求まる．一般に S_1 状態の回転緩和過程は蛍光の偏光解消からも測定が可能であるが [28]，蛍光測定は発光種の観測に限定されるのに対して過渡吸収二色性は非発光性のラジカルやラジカルイオンなどの非発光性化学種の検出にも応用可能という利点を持つ．

なお，完全にバックグランドフリーの条件（ホモダイン法）ではなく，モニター光の偏光面をわずかに（数度以内）45 度からずらして，検光子を透過させる“漏れ光”を利用するヘテロダイン法も用いら

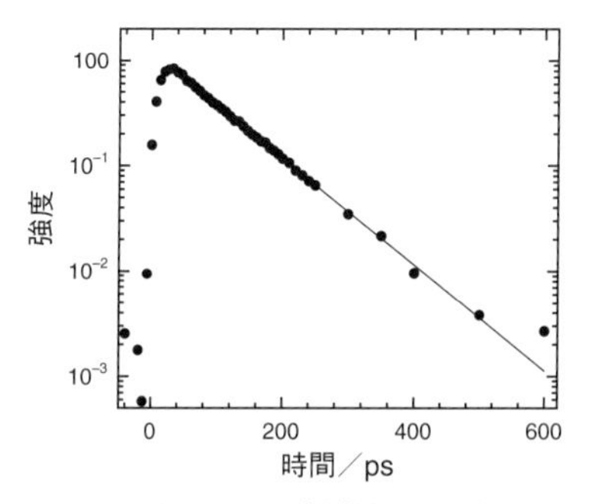

図 4.6　ピコ秒 532 nm レーザーパルス（半値幅 15 ps）励起によるエタノール溶液中のローダミン B の過渡吸収二色性の時間変化（観測波長 560 nm）[31]

図 4.5 (a) に示した光学系を用いホモダイン条件で測定．縦軸は，式 (4.2) の $I(t)$ に対応する．［レーザー学会から許可を得て転載］

れている．ホモダイン法では信号光の電場の二乗に比例する信号を観測するので，実験的に求まる速度定数は式 (4.3) のように 2 倍の値となる．一方，ヘテロダイン法では“漏れ光”と信号透過光の積をホモダイン項よりも十分に大きくなるように調整すると，信号強度は“漏れ光”と透過光との積となるので大きくなるとともに，この“漏れ光”のみに対応する成分を観測データから差し引くことによって，$P(t) \times R(t)$ に比例した信号のみを得ることができる [31].

過渡吸収二色性の測定には, 図 4.5 (b) に示すように, 励起 (pump) 光に対して偏光方向が平行（//）と垂直（⊥）の 2 種類のプローブ光を用いて過渡吸収を測定する方法も用いられる．これらのプローブ光を用いて測定された過渡吸光度を，それぞれ $\Delta A_{/\!/}(t)$ および $\Delta A_{\perp}(t)$ とすると吸収の異方性，$r(t)$，は，式 (4.5) で与えられる．

$$r(t) = \frac{\Delta A_{/\!/}(t) - \Delta A_{\perp}(t)}{\Delta A_{/\!/}(t) + \Delta 2A_{\perp}(t)} \tag{4.5}$$

$r(t=0)$ は，基底状態と中間体の遷移モーメントが平行の場合 0.4 となり垂直な場合には -0.2 の値をとる．また式 (4.5) の分母は，過渡吸収を与える中間体総量の減衰に比例した値となるので，$r(t)$ は偏光励起された二色性の消失の時間変化のみを示す．

図 4.5（b）の方法を用いた過渡二色性の測定例を 図 4.7（a）に示した．試料はナイルブルーのメタノール溶液であり，$S_n \leftarrow S_1$ 吸収をモニターしている．図 4.7（a）に示すように，励起直後には励起光とモニター光の偏光が平行の場合（実線）のほうが，垂直の場合（点線）と比べて大きな過渡吸光度を示す．これは，励起光の偏光方向と $S_1 \leftarrow S_0$ 吸収の遷移モーメントの方向が平行の基底状態分子がより多く励起されたこと，また，観測波長（525 nm）における $S_n \leftarrow S_1$ 吸収の遷移モーメントの方向が励起波長（570 nm）における $S_1 \leftarrow S_0$ 吸収の遷移モーメントの方向がほぼ等しい方向で

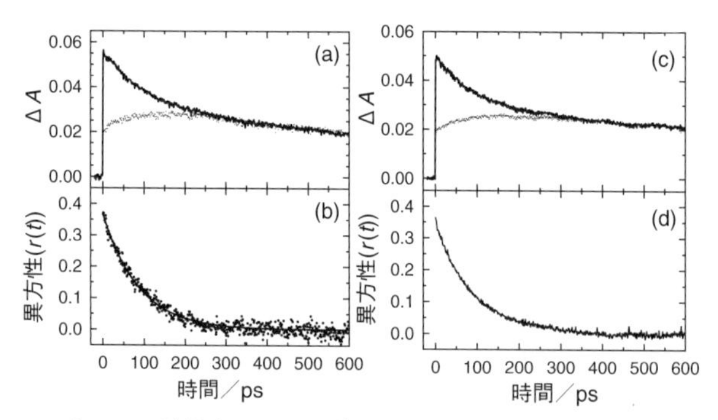

図 4.7　メタノール溶液中のナイルブルーの過渡吸収二色性（a, c）および異方性（b, d）の時間変化

励起波長 570 nm，観測波長 525 nm．（a, c）における実線は，励起光とモニター光の偏光が平行の場合，点線は垂直の場合．（a, b）は平行，垂直の場合を別々に測定，（c, d）は同時に測定した結果．

あることによる．時間の経過とともに回転緩和が進行し，励起光の偏光方向に平行な励起分子は減少し，一方，垂直な励起分子は増加する．その結果，時間の経過とともに，この過渡吸光度の差は小さくなる．励起後約 300 ps 以降は同じ過渡吸光度となり，蛍光寿命と同じ時定数で減衰する．式 (4.5) を用いて計算した異方性 $r(t)$ の時間変化を図 4.7（b）に示した．励起直後の $r(t)$ は 0.37 であり，観測波長（525 nm）における $S_n \leftarrow S_1$ 吸収の遷移モーメントの方向が励起波長（570 nm）における $S_1 \leftarrow S_0$ 吸収の遷移モーメントの方向とほぼ等しいことを定量的に示している．この時間変化は単一指数関数で再現でき，その時定数は 86 ps であった．この時定数は S_1 状態分子の回転緩和に対応する．

この測定法は非常に有効な手法ではあるが，$\Delta A(t)$ は励起した場合と励起のない場合のプローブ光の強度変化に基づくデータであり，さらにその差，$\Delta A_{/\!/}(t) - \Delta A_{\perp}(t)$，から $r(t)$ を求めるため，独立した 2 回の測定を行う必要がある．そのため同じ t でも励起光の強度の揺らぎなどの影響を受けやすく，広いダイナミックレンジに及ぶデータを得ることは困難なことが多い．このような欠点の改良のため，励起光の偏光方向に対して 45 度の角度を持つモニター光を用い，試料透過後に偏光ビームスプリッターで平行成分と垂直成分を分けて，それぞれの過渡吸光度を計測する方法も用いられている．この測定を同じ系に対して行った結果を図 4.7（c，d）に示す．過渡吸光度の時間変化（c）は（a）と同程度の S/N 比であるが，$\Delta A_{/\!/}(t)$ と $\Delta A_{\perp}(t)$ の値は同じ励起光パルスで測定されているので図 4.7（d）に示す $r(t)$ の S/N 比は非常に向上していることがわかる．

一般には励起パルス幅が短くなると，屈折率変化に対しても非線型的な応答の効果が観測されやすくなる．そのため数ピコ秒以下の時間領域では，信号の時間変化に対する励起光強度依存性を測定するとともに，できるだけ広い波長範囲のデータを取得することが望ましい．

4.4.2　過渡複屈折の測定例

図 4.5（a）の光学系は，過渡複屈折の測定にそのまま応用できることを述べた．過渡複屈折は偏光レーザー光照射による電子分極とそれに続く配向分極などの生成と緩和に由来し，通常の液体系ではこれらの分極緩和過程は数ピコ秒以内と高速に進行する [32]．励起光強度の二乗に比例するカー効果による過渡複屈折は，共鳴吸収の起こらない励起光照射によっても誘起される．一方，過渡吸収二色性は共鳴吸収に依存しており，図 4.5（a）の光学系を用いた場合には，その信号強度は励起光強度に対して一次に依存する．また図 4.5（b）の光学系を用いた測定から得られる異方性（式 (4.5)）は，飽和などがなければ励起光強度には依存しない．したがって励起光強度の増大とともに，過渡二色性の信号に加えてカー効果による複屈折などの信号も観測されることになるので，図 4.5 の説明の箇所でも述べたように，過渡吸収二色性の測定では，比較的弱い励起光を用いることが望ましい．

液体や固体などの過渡複屈折は，電子分極のみならず変形分極（固体中の格子振動や分子振動）また液体系では密度変化や回転運動などの成分を含む．そのため，超短パルスレーザーによる複屈折の測定は，液体系の高速分子運動の直接的検出にも用いられてきた [32]．図 4.8 には，780 nm のフェムト秒パルスレーザーを用いて測定された室温におけるアセトニトリル液体の複屈折の時間変化を示す．時間原点付近の信号は主に電子分極に起因するが，その後のサブピコ秒程度の密度変化や 0.5 ps 以降の回転緩和による減衰が観測されている．

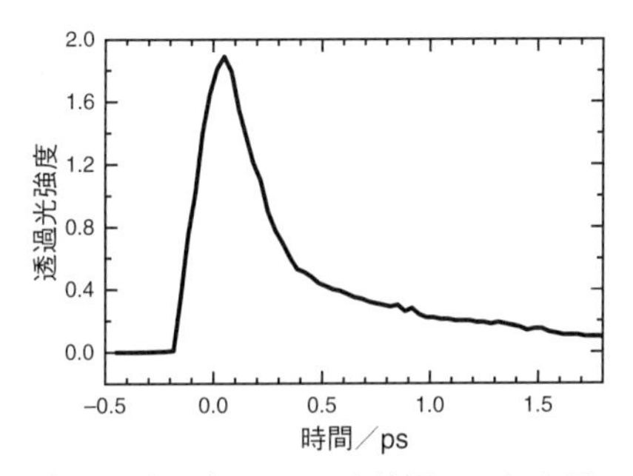

図 4.8 フェムト秒レーザー（780 nm，半値幅 80 fs）を用いて測定されたアセトニトリル液体の過渡複屈折の時間変化
縦軸は過渡複屈折による透過光強度を示す．

過渡吸収測定の光学系を用いて，白色モニター光の偏光を励起光（入射光）に対して 45 度とし，試料透過後に検出器の前に直交した検光子をおいた場合には，広範囲のモニター波長領域の複屈折の時間変化を測定可能となる [31]．したがって，励起光の波長に吸収を持たない液体を用いて測定された過渡複屈折信号の極大となる時間（光学遅延台の距離で決定される基準の時間）から，白色光の到達時間分布を求めることも可能となる．図 4.9 には，フェムト秒 525 nm を励起光，白色モニター光をモニター光として測定した複屈折信号の時間変化を示した．この測定では，複屈折に対する電子分極の寄与の大きい四塩化炭素液体を試料として用いている．ここに示すように，短波長の信号の方が，光学遅延台の距離で決定される基準の時間を横軸とした場合，早く信号が現れている．これは図 4.3 で示した過渡吸収信号のモニター波長依存性と同様である．過渡吸収信号では励起された分子に依存した緩和過程なども存在するため，観測波長に依存してその時間変化は大きく異なる場合も多い．一方，過

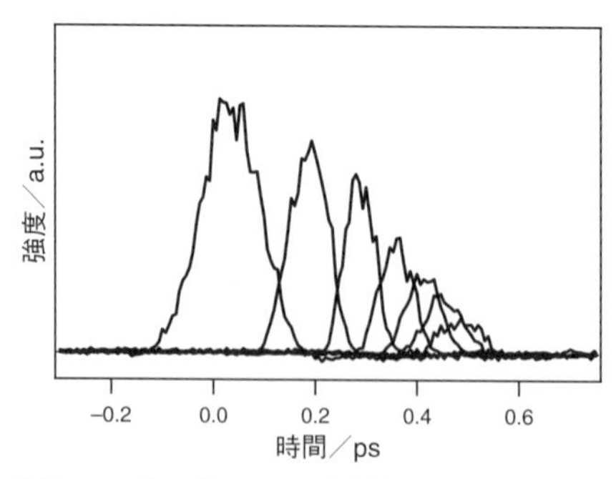

図 4.9　フェムト秒レーザー（525 nm, 半値幅 100 fs）を励起光，白色光をモニター光として測定された四塩化炭素液体の複屈折信号の時間変化
モニター光の波長は，左から 400，450，500，550，600，650，700 nm.

渡複屈折では，信号の時間変化には屈折率の波長依存性は存在するものの，励起光（入射光）に対しては非共鳴な応答として信号が得られるので，その波長依存性は小さく簡便に過渡吸収に用いる白色光（super-continuum）の試料位置への到達時間の波長依存性の測定に用いることが可能となる.

4.5　電子状態緩和，振動緩和によるスペクトル変化

すでに 2.4.1 項でも述べたように，原子数が 10 から 20 以上の分子では S_1 より高位の電子励起状態が生成した場合でも，数百フェムト秒程度の時定数で無輻射遷移を行い，振動状態として高準位にある S_1 状態が生成する．凝縮系では，この高い振動準位の S_1 状態の余剰振動エネルギーは，数ピコ秒から数十ピコ秒程度の時間領域で周囲媒体に散逸し，周囲媒体と熱平衡にある S_1 状態（蛍光状態）が生成する．このような振動余剰エネルギーの散逸過程は，S_2 よりは

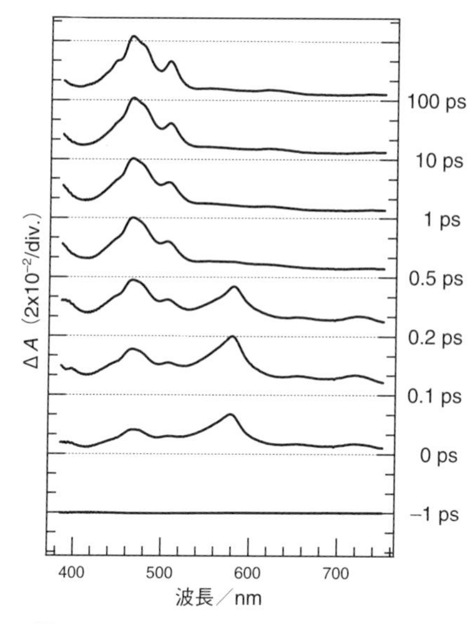

図 4.10 フェムト秒 340 nm レーザーパルス励起によるアセトニトリル溶液中のピレンの過渡吸収スペクトル

低エネルギーの波長で S_1 状態の高い振動準位に励起した場合でも同様に進行する．したがって S_1 状態の最低振動状態に対応する励起波長を用いた場合を除けば，一般的に観測される過程であり，過渡吸収スペクトルの形状は振動緩和に伴い変化する．

図 4.10 には，フェムト秒 340 nm レーザーパルス励起によるアセトニトリル溶液中のピレンの過渡吸収スペクトルを示す．340 nm は $S_2 \leftarrow S_0$ 吸収帯の励起に対応し，励起直後に観測される 580 nm の吸収は $S_n \leftarrow S_2$ 吸収に帰属できる．この吸収は励起後 500 fs 以内に減衰し 463 および 507 nm に新たな吸収帯が現れる．この吸収はピレンの $S_n \leftarrow S_1$ 吸収に対応する．すなわち非常に迅速に（時定

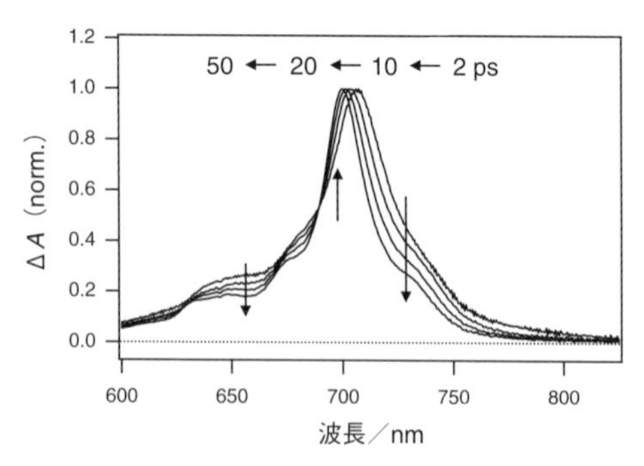

図 4.11　フェムト秒 350 nm レーザーパルス励起によるシクロヘキサン溶液中のペリレンの過渡吸収スペクトル

数 200 fs）$S_2 \to S_1$ の内部変換が進行していることを示す．励起後 0.5 ps の $S_n \leftarrow S_1$ 吸収スペクトルは，100 ps のスペクトルと比較すると 490 nm 付近の谷が浅く，またバンドもブロードな形状を示している．このようなブロードな形状は，基底状態分子の電子スペクトルの温度依存性にも共通の特徴であり，振動余剰エネルギーを持つ "温度" の高い S_1 状態に対応する．ピレンの S_1 の最低振動レベルのエネルギーと 340 nm の励起波長のエネルギー差は約 3500 cm^{-1} であり，$S_2 \to S_1$ の内部変換直後の S_1 状態の振動温度は，分子内振動モードの周波数などから 500〜600 K 程度と見積もられる．

図 4.11 には，フェムト秒 350 nm レーザーパルス励起によるシクロヘキサン溶液中のペリレンの過渡吸収スペクトルを示す．350 nm はペリレンの高位励起状態への吸収に対応するが，ここに示すスペクトルは内部変換が終了した時間以降のものであり $S_n \leftarrow S_1$ 吸収に対応する．またスペクトルは 700 nm 付近の吸収極大で規格化している．時間の経過とともに，スペクトルの極大は短波長にシフト

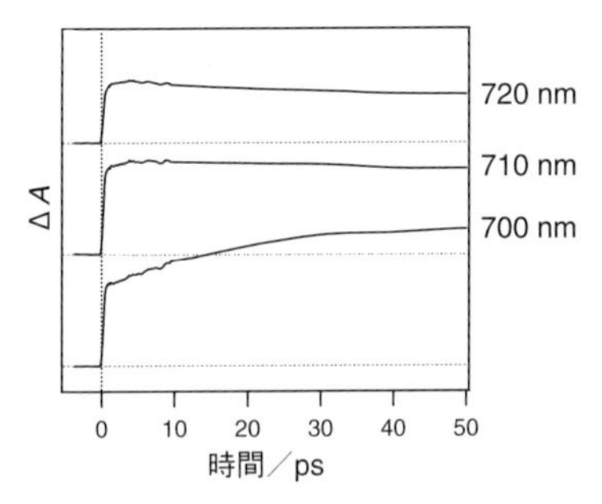

図 4.12　フェムト秒 350 nm レーザーパルス励起によるシクロヘキサン溶液中のペリレンの過渡吸光度の時間変化

し，またスペクトルのバンド幅もシャープになる．短波長シフトは，$S_n \leftarrow S_1$ 遷移の始状態である S_1 状態の振動励起状態が緩和するため，そのエネルギー分だけ $S_n \leftarrow S_1$ 吸収の遷移エネルギーが増加するためと考えることができる．また吸収帯の先鋭化は，S_1 状態の振動励起状態では核座標における分布幅が広いが，振動緩和とともにその幅が狭くなるため，電子スペクトルとしても吸収帯の幅が狭くなると考えられている．

図 4.12 には，図 4.11 に示したシクロヘキサン溶液中のペリレンの過渡吸光度の時間変化を示す．スペクトルの極大波長（700 nm）では励起後数十ピコ秒の時間域で，ゆっくりとした立ち上がりが，また吸収帯の端（720 nm）では減衰が観測される．その途中の波長（710 nm）では時間の経過に対して，ほとんど変化しない．この振動温度の変化に対する“等吸収点”のような波長では，時間原点付近における S_1 状態の過渡吸光度の立ち上がりの測定結果は，4.2 項で述べたように，時間原点の決定や装置の応答関数を見積もる場合などに有効に利用できる．

2.6項でも述べたように，図4.12に示したような振動緩和による過渡吸光度の時間変化は，単一指数関数あるいは複数の指数関数を用いて解析されることが多い．しかし，それぞれの吸収帯の温度依存性は遷移のフランク-コンドン因子や始終状態のポテンシャル局面の形状などにも依存している．そのため，振動緩和による時間変化は観測波長に依存する．また余剰エネルギーの散逸過程も，溶媒分子との衝突の回数に依存すると考えればゼロ次過程となるが，実際には周囲媒体の熱拡散過程まで含めて考慮する必要もある．さらに余剰振動エネルギーと分子の振動温度も，等分配則が成り立たないため比例はしていない．したがって振動緩和による過渡吸収の時間変化を指数関数のような一次過程として考えるのは，あくまでも近似であるが，多くの場合，概ね10 ps程度の時定数でスペクトルの変化が進行する．一般には，波数や波長に対して吸収帯を積分した場合には，その値は温度に依存せず一定となると考えて，積分値から過渡吸収の変化を解析する場合もある．

4.6　非共鳴同時2光子吸収による励起状態の生成

過渡吸収測定に用いるフェムト秒やピコ秒レーザーは，尖頭値が高いので励起波長に吸収を持たない物質でも，非共鳴2光子吸収過程によって励起される場合も多い．特に溶媒は分子数が多いので，溶液試料では溶質のみならず溶媒分子の吸収による中間体が観測される場合も多い．図4.13には，純液体ベンゼンにフェムト秒325 nmレーザーパルスを照射して得られた過渡吸収スペクトルを示した．励起光の強度は，通常の過渡吸収測定と同程度の条件である．時間原点付近の短波長部の信号は励起光に誘起された非線形屈折率変化に起因した信号であり，吸収成分ではない．その後，数十ピコ秒の

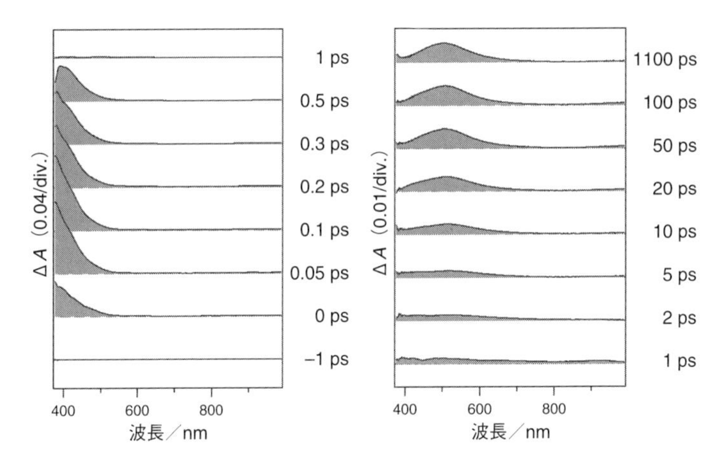

図 4.13 純液体ベンゼンにフェムト秒 325 nm レーザーパルスを照射して得られた過渡吸収スペクトル

時間領域で立ち上がる 505 nm に極大を持つブロードな吸収はベンゼンエキシマーに同定できる．他のトルエンやキシレンなどの芳香族液体でも同様にエキシマーが非共鳴同時 2 光子吸収により生成する [33]．

このような溶媒として用いられる液体の非共鳴同時 2 光子吸収は，特に紫外部の励起光を用いた場合には多くの系で観測されており，水やアルコールでは溶媒和電子が，アルカンでは S_1 状態が生成する．また四塩化炭素やクロロホルムでは，光分解も進行する [33]．したがって，溶液系において紫外光を励起光とする場合には（ベンゼン系溶媒では 500 nm 以下の励起波長），観測する信号に対して励起光強度依存性を確認し，溶媒分子の 2 光子励起の寄与を定量的に評価することが必要となる．

4.7 ピコ秒，フェムト秒時間領域の過渡吸収の測定例

ピコ秒からフェムト秒レーザーパルスを用いた種々の過程のダイナミクス測定は，これらのパルスレーザーの開発直後から行われてきており，この50〜60年の間に，分子系のみならず，半導体，生物系などを対象に多くの研究がなされてきた．電子励起状態分子の緩和過程や化学反応過程に限定しても，上にも示したような励起直後の内部変換（高位電子励起状態から低い電子励起状態への緩和），振動位相緩和（IVR）や凝縮系における余剰振動エネルギーの散逸過程など，またS_1やT_1のみならず高位電子状態からの反応過程の解明に対しても多くの研究が蓄積されている．

分子間の反応では，励起エネルギー移動，電子移動，陽子移動，水素原子移動など，また分子内反応では電荷分離や異性化反応などを中心に多くの研究が行われた．また光イオン化の機構や放出された電子の溶媒和過程などに対しても多くの研究結果が報告されている．特に電子励起状態の分子と他分子との分子間反応では，拡散による出会い衝突が律速過程となるため，100〜数百ピコ秒以降の時間領域で反応が進行する．そのため，これらの分子をメチレン鎖やフェニレンなどのブリッジで直接連結した化合物などを用いて，その反応ダイナミクスが測定されている [23]．

分子内振動の周期よりも短いパルスレーザーで励起を行った場合には，分子内振動がコヒーレントに励起され過渡吸光度の時間変化にビート成分が観測される場合も多い．図4.14には，時間幅20 fsのフェムト秒パルスでオキサジン4のメタノール溶液を励起した場合の過渡吸光度の時間変化を示した．この負の信号は主に基底状態吸収の過渡的ブリーチングに対応する．この時間変化から，一周期が58 fs（$575\,\mathrm{cm}^{-1}$）の分子内振動により過渡吸光度が変調されて

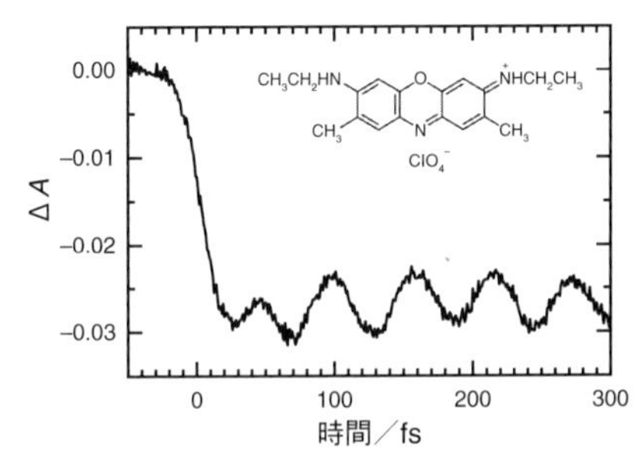

図 4.14 メタノール溶液中のオキサジン 4 の過渡吸光度の時間変化
励起およびモニター波長は 650 nm.

いることがわかる．実際に電子移動や陽子移動が進行する場合には，これらの振動成分の解析から，反応に重要な分子内振動を抽出する試みもなされている．

4.7.1 ポリマーフィルム系の電子移動初期過程の直接的検出

側鎖に大きな芳香族基を持つビニルポリマーには，光電導性を示すものも多く，ポリ（*N*–ビニルカルバゾール）（PVCz）は，実際に光電導材料として使用された歴史を持つ．これらの高分子系の光電導初期過程の解明のために行われた過渡吸収測定の結果を示す [34]．試料は電子受容体として 1,2,4,5-テトラシアノベンゼン（TCNB）あるいはクロラニル（CA）をドープした PVCz 固体フィルムである．これらの電子受容体（A）とカルバゾリル（D）基は，式 (4.6) に示すように基底状態で弱い電荷移動（CT）錯体を形成し，可視部に CT 吸収帯を示す．

$$\mathrm{A} + \mathrm{D} \rightleftarrows \mathrm{A}^{\delta-} \cdot \mathrm{D}^{\delta+} \tag{4.6}$$

この吸収帯を光励起することにより，$\mathrm{A}^{\delta-} \cdot \mathrm{D}^{\delta+} + h\nu \rightarrow \mathrm{A}^{-} \cdot \mathrm{D}^{+}$

のように光誘起電荷分離が進行する．

図 4.15 (a) には TCNB を 2 mol%含む PVCz フィルムをピコ秒 532 nm レーザーパルス（半値時間幅 15 ps）により CT 吸収帯を励起して得られた過渡吸収スペクトルを示す．溶液系と同様に透過型の光学系で測定されている．470 nm に $TCNB^-$ また 790 nm には Cz^+ の吸収帯が観測され，電荷分離状態，$A^- \cdot D^+$，が生成していることがわかる．図 4.15 (b) には 470 nm でモニターした電荷分離状態の時間変化を示す．サブナノ秒領域から数ナノ秒領域で電荷分離状態は減衰し，4〜5 ns 以降ではほぼ一定値が残る．

この過程を式 (4.7) に示すように，電荷再結合とホール移動過程が競争して進行し，ホール移動により再結合を逃れると考えると，過渡吸光度の時間変化は式 (4.8) のように現される．

$$\mathrm{A^- \cdot D^+DDD\cdots \xrightarrow{k_{CR}} A \cdot DDDD\cdots} \tag{4.7a}$$

$$\mathrm{A^- \cdot D^+DDD\cdots \xrightarrow{k_{HT}} A \cdot DD^+DD\cdots} \tag{4.7b}$$

$$\Delta A(t) = \Delta A(0)\left[\exp\{-(k_{CR}+k_{HT})t\} + \frac{k_{HT}}{k_{CR}+k_{HT}}\right] \tag{4.8}$$

ここで k_{CR}，k_{HT} は電荷再結合，ホール移動過程の速度定数であり，それぞれ一次過程としている．図 4.15 (b) の実線は式 (4.8) を用いて解析した結果であり $k_{CR} = 3.1 \times 10^8\,\mathrm{s^{-1}}$，$k_{HT} = 5.0 \times 10^8\,\mathrm{s^{-1}}$ とした計算値は実験値を良く再現している [31,34]．

以上のホール移動過程をより直接的に確認するために，イオン種の吸収の過渡二色性の時間変化が測定された．CT 吸収帯の偏光励起により生成した電荷分離状態の過渡吸収は二色性を持つが，アモルファス固体フィルム中にランダムに存在する他の Cz 基へのホー

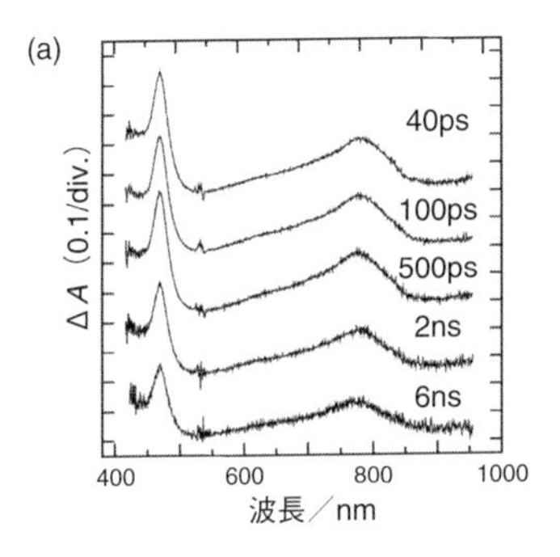

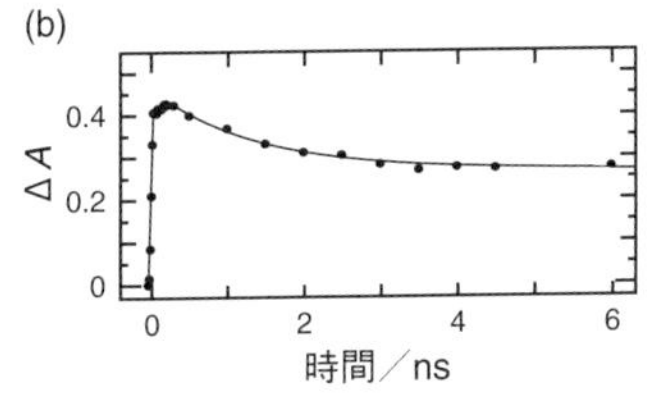

図 4.15 (a) ピコ秒 532 nm レーザー励起による TCNB を 2 mol%含む PVCz 固体フィルムの過渡吸収スペクトルと (b) 470 nm でモニターした電荷分離状態の時間変化 [31] ［レーザー学会から許可を得て転載］

ル移動が起これば Cz^+ の二色性は消失すると考えられる．

図 4.16 に測定結果を示す．信号光強度が弱いため，図 4.5 (a) に示した光学系を用いてヘテロダイン条件で測定が行われた．Cz^+ の吸収の過渡二色性は約 1.2 ns の時定数で 0 レベルまで減衰した．この 1.2 ns の値は，$k_{CR}+k_{HT}$ の逆数とほぼ同じ値であり，ホール移動により偏光励起によって過渡吸収二色性が消失したことを示す．一方，TCNB の濃度は 2 mol%と低くこの時間域ではアニオンは TCNB 間の電荷シフト反応を行わないため，$TCNB^-$ の過渡二色性の時間依存性（黒丸）は，過渡吸収と同じ挙動を示したと考えられる．他

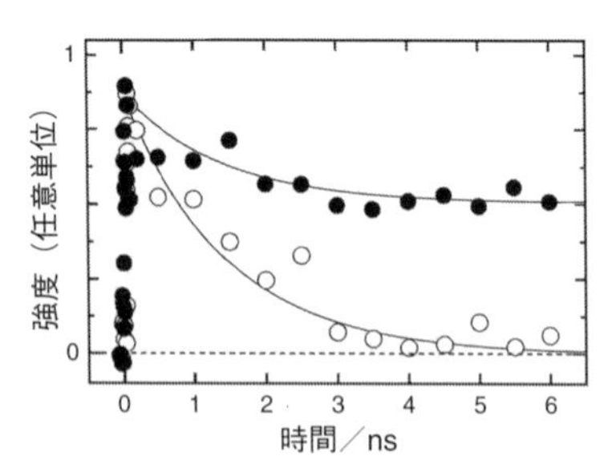

図 4.16　ピコ秒 532 nm レーザー励起による TCNB を 2 mol%含む PVCz 固体フィルムの過渡吸収二色性の時間変化

●：TCNB⁻，○：Cz⁺．実線は式 (4.8) に基づく計算結果．ただし，図 4.15 と同じ速度定数を用いており，Cz⁺ に対しては初期のイオン対の時間変化（右辺第一項のみ）[31]．［レーザー学会から許可を得て転載］

の電子受容体（A）を用いた場合，再結合速度定数（k_{CR}）は A に依存するが，ホール移動速度定数（k_{HT}）は依存せず，式 (4.7) に示したようなスキームでフィルム中の光誘起電子移動の初期過程が記述できることが確認された．さらに短い時間領域のダイナミクスに対しても，過渡吸収二色性や近赤外波長域の電荷共鳴帯の測定がなされており，CT 吸収帯の励起による電荷分離直後には Cz 基 1 つに局在したモノマーカチオンがサブピコ秒から 10 ps の時間領域で複数の Cz に非局在化することで，ホール移動過程に対する再配向エネルギーや実効的なアニオン–カチオン間のクーロン引力が低下し，ナノ秒程度の時間領域でホール移動が進行可能となることが示されている [35]．

4.7.2　広い時間領域で進行するラジカル解離過程の測定と解析

図 4.17（a）に示す分子は，約 400 nm 以下の波長で励起するとラジカル解離を行う．生成したラジカル（Py-L）は，ベンゼンなど

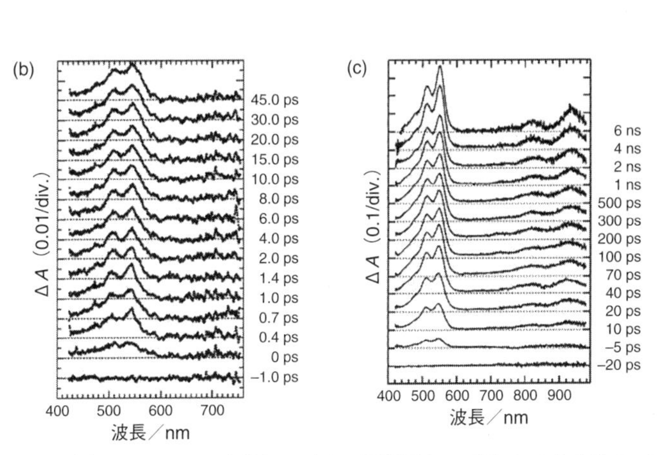

図 4.17　(a) Py-HABI の光誘起ラジカル解離反応，(b) この化合物のベンゼン溶液をフェムト秒 400 nm 光で励起し得られた過渡吸収スペクトル，(c) ピコ秒 355 nm 光励起による長時間領域の過渡吸収スペクトル [36]［ACS より許可を得て転載］

の溶液中では安定に存在し，最終的には再結合により元のダイマー化合物にもどる．図 4.17 (b) には，この化合物のベンゼン溶液をフェムト秒 400 nm 光で励起し得られた過渡吸収スペクトルを示す [36]．ラジカルに同定できる 505 および 550 nm に極大を持つ吸収が，励起後数百フェムト秒の時間領域から現れ，迅速なラジカルの

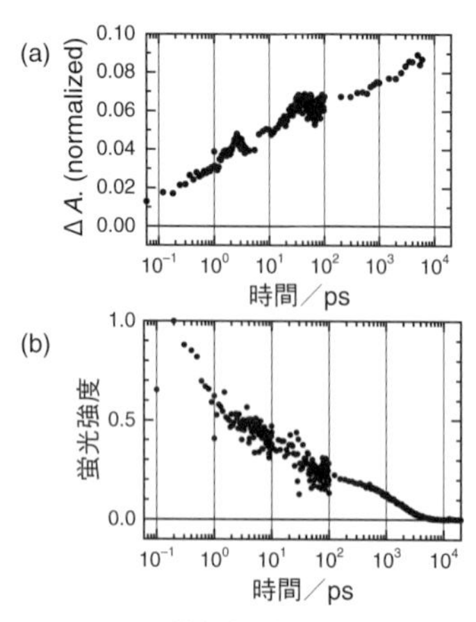

図 4.18　(a) Py-HABI ベンゼン溶液系の紫外光照射後の解離ラジカルの過渡吸光度の時間変化（モニター波長 550 nm）と（b）480 nm でモニターした蛍光の時間変化 [36]［ACS より許可を得て転載］

生成が確認できる．興味深いことに，このラジカルは数ピコ秒から数十ピコ秒の時間でも立ち上がっている．

図 4.17(c) には，同じ系をピコ秒 355 nm で励起して得られた過渡吸収スペクトルを示す．750 nm より長波長の弱い信号もラジカルの吸収帯である．この図からもわかるように，ラジカル生成はサブナノ秒からナノ秒領域でも観測され，励起後 5 ns 程度までラジカル生成が観測された．すなわち図 4.18 (a) に示すように，100 fs から数ナノ秒に至る非常に広い時間範囲でラジカル生成が進行することがわかる．このような広い時間範囲で非指数関数的に進行する過程は dispersive kinetics と呼ばれ，速度定数（単位時間あたりの反応確率）が時間とともに変化する過程に対応するが，均一溶液系の単分子反応で観測される例は少ない．

励起状態の量（濃度）の時間変化を示す関数を $R(t)$ とすると，励起後の時間 t と $t+\Delta t$ の間に減衰する励起状態の量は $R(t)-R(t+\Delta t)$ と表される．ここで生成物（ラジカル）の量を表す関数を $P(t)$ とすると，$P(t+\Delta t)-P(t)$ は励起状態の減少量である $R(t)-R(t+\Delta t)$ に依存する．通常の反応のように，ラジカル生成の速度定数 k_R が時間に依存せず一定の場合には $\mathrm{d}P(t)/\mathrm{d}t = k_\mathrm{R}R(t)$ と表される．一方，この系では反応確率 k が時間に依存する．この時間依存の確率は，t と $t+\Delta t$ の時間の間に「生成したラジカルの量」と「減衰した励起状態の量」の比 $\{P(t+\Delta t)-P(t)\}/\{R(t)-R(t+\Delta t)\}$ として与えられる．したがって $R(t)$ に対応した励起状態の過渡吸収の時間依存性から，この反応確率を実験的に見積もることが可能となる．

しかしこの系では観測波長域には励起状態の吸収が現れなかったため，蛍光の測定が行われた．励起された Py-HABI のラジカル解離の反応量子収率はほぼ 1 であるが，ピレンエキシマーとよく似た弱い蛍光も観測される．その蛍光の時間依存性は，図 4.18（b）に示すように数ピコ秒までの時間領域で速い減衰が観測されるとともに，ナノ秒の時間スケールでも減衰が観測された．ただし数十ピコ秒以降の時間領域では，蛍光は 1.63 ns の単一指数関数で減衰した．放出される蛍光 $F(t)\Delta t$ も，t と $t+\Delta t$ の間に減衰した励起状態の量 $R(t)-R(t+\Delta t)$ に依存する．すなわち蛍光の時間変化は，一般的に $F(t) \propto -\mathrm{d}R(t)/\mathrm{d}t$ と表すことができる．S_1 状態の減衰が単一指数関数で表される場合，蛍光の減衰も同じ時定数の単一指数関数になるのは，指数関数として表される $R(t)$ を 1 階微分した場合，同じ関数となるからである．これらの考察から，式 (4.9) を用いれば各時間における単位時間あたりの相対的な反応確率を見積もることが可能となる．

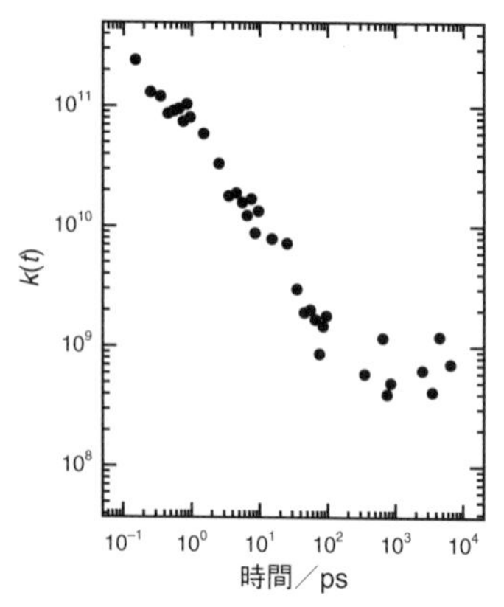

図 4.19　Py-HABI ベンゼン溶液系のラジカル解離反応確率（$k(t)$）の時間依存性 [36]［ACS より許可を得て転載］

$$k(t) \propto \frac{\Delta A_{550}(t+\Delta t) - \Delta A_{550}(t)}{2F(t)\Delta t} \tag{4.9}$$

分母に 2 が入っているのは，励起状態 1 分子から 2 つのラジカルが生成することによる．ラジカル解離の反応量子収量は，ほぼ 1 であるので，蛍光輻射の速度定数と比べてこの $k(t)$ は大きいものと考えて良い．このようにして求められた反応確率（反応速度）の時間依存性を図 4.19 に示す．時間の経過とともに，解離の速度が減少していく様子がわかる．この理由は，励起後にピレンの相対的な構造が若干変化し，安定なエキシマーになる過程と解離過程が競合しており，その結果，短い時間領域では図 4.20 に示すように，時間とともに，解離の活性化エネルギーが増大するため，dispersive kinetics が見られたと考えられている．数十ピコ秒以降の時間では，この構造緩和が終了し，蛍光の減衰も単一指数関数として記述できるので，速度定数も一定の値を示す．

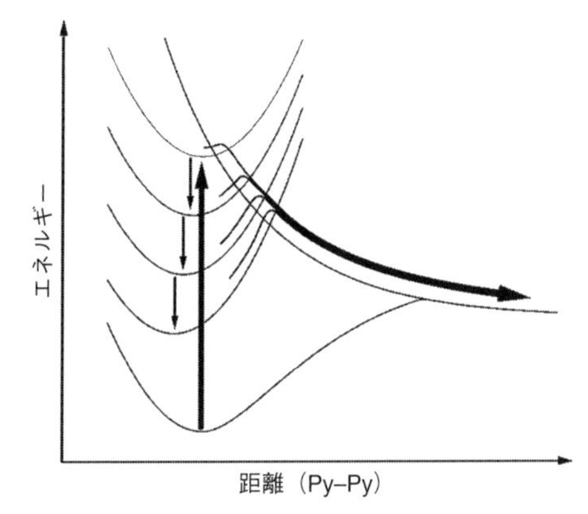

図 4.20　Py-HABI ベンゼン溶液系のラジカル解離反応確率の時間依存性のモデル [36]［ACS より許可を得て転載］

以上のように，複雑な時間変化に対しても，他の測定法を組み合わせて総合的に考察することで，そのダイナミクスの由来に対して解釈が可能となる．また，2 つ以上の励起パルスを用いて多光子吸収過程を誘起し，選択的に生成した高い電子励起状態からの超高速反応の開拓にも過渡吸収測定は応用されている [37].

コラム2

時間分解ラマン分光

振動分光の 1 つであるラマン分光法は，分子構造決定のための重要な測定法として広く用いられてきた．特にレーザー光を用いるラマン分光法には，コヒーレント反ストークスラマン分光（CARS），誘導ラマン分光（SRS），探針増強ラマン分光（TERS）など種々の方法が開発されており様々な系へと応用されている [1]．典型的な時間分解ラマン測定法では，光パルス照射により生成した励起状態や反応中間体に対して，その吸収帯に共鳴したプローブ光パルス照射して共鳴ラマン過程を誘起し，選択した過渡種のラマンスペクトルを取得する．ラマンスペクトルからは分子骨格や官能基の振動数などの構造情報を取得できるので，過渡種の時間変化をより詳細に知ることができる．しかし，時間分解分光測定に用いる光パルスのスペクトル幅と時間幅の間にはフーリエ限界が存在する．そのため，sech^2 型の時間波形を持つ光パルスを用いて $3\,\mathrm{cm}^{-1}$ 程度の周波数分解能の時間分解ラマンスペクトルを得るためには，用いるプローブパルスの時間幅は約 3.5 ps となる．このため時間分解ラマン測定では，高い時間分解能で十分な周波数分解能のスペクトトルを得ることは困難であった．

この問題を解決するために新たな測定方法も開発されている [2]．この測定では，図に示すように，光反応を開始させるための励起光（actinic pump），誘導ラマン過程を起こすためのピコ秒狭帯域パルス（Raman pump）とフェムト秒白色光などの広帯域パルス（Raman probe）の計 3 つの光パルスが用いられる．励起光パルス照射後，観測時間をカバーする時間にピコ秒狭帯域パルスを照射する．その後，観測したい遅延時間に短い時間幅を持つ広帯域パルス（Raman probe）を導入する．その結果，この広帯域パルスのスペクトルには，Stokes 領域では誘導ラマン過程による光増強，anti-Stokes 領域に減少が現れ，ラマンスペクトルを得ることができる．この方法では，時間分解能は励起光とプローブ光の相互時間相関幅で，周波数分解能は狭帯域パルスのスペクトル幅により決定されるので，これまでの時間分解ラマン測定では困難であった高い時間分解能と周波数分解能を得ることが可能となる．また，誘導ラマン信号は指向性のあるフェムト秒白色光などの広帯域パルスを用いて検出するので，通常のラマン分光

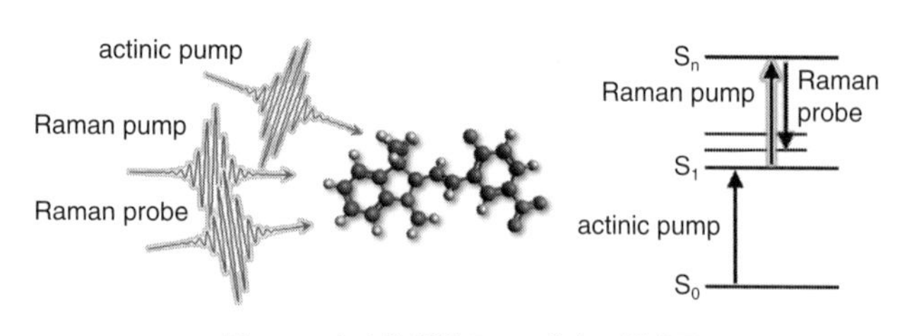

図　フェムト秒誘導ラマン分光の模式図

とは異なり蛍光性の試料にも十分応用可能であり，今後の応用が期待される．

[1] C. Krafft, M. Schmitt, I. W. Schie, D. Cialla-May, C. Matthäus, T. Bocklitz, J. Popp：*Angew. Chem. Int. Ed.*, **56**, 4392-4430 (2017)
[2] P. Kukura, D. W. McCamant, R. A. Mathies：*Annu. Rev. Phys. Chem.*, **58**, 461-488 (2007)

（大阪大学　五月女 光）

コラム3

過渡吸収の時間変化に現れるビート信号の解析

超短パルスを用いて過渡吸収信号の時間依存性を測定すると，規則的に振動する成分が観測される場合がある．これは量子ビートと呼ばれ，実時間上での分子振動に対応した信号として解釈される．原理的には，分子振動の半周期よりも短いパルス幅のレーザー光源を用いた場合には，このような信号が誘起される．ビート信号は分子の運動を直接的に示しているので，化学反応に関わる分子振動の観点から多くの研究が行われている．最も有名な例の一つとして，NaI 分子の光解離反応（NaI* → [Na...I] → Na ＋ I）が挙げられる [1]．この研究では，NaI 分子の伸縮振動に伴って，結合が伸び切ったとき一定の確率で解離し，生成物である Na 原子の信号が階段状に現れてくる様子が観測されている．A. Zewail はこの成果をはじめとする「フェムト秒化学」の領域における研究が評価され，1999 年にノーベル化学賞を受賞した．

近年ではチタンサファイヤレーザーや Yb レーザーをはじめとした高出力で安定的なレーザー光源の普及とともに，高い時間分解能で広いスペクトル領域の測定が行えるようになってきた．さらに，検出器や計算機の性能が向上することによって，より複雑な分子における化学反応と分子振動の関係性が議論できるようになっている．例えば，アゾベンゼン誘導体における励起状態分子内プロトン移動でも，特徴的な量子ビートが観測されている [2]．まず，プロトン移動を起こさない系では，長波長側と短波長側の観測波長でビート信号の位相が反転している様子が観測された（図 a）．このような振動はフランク-コンドン（Franck-Condon）型の振動と呼ばれ，核座標の変位によって吸収・発光ピーク波長が変調される振動に対応する（図 c）．一方，プロトン移動を起こす系では，すべての観測波長領域において，ビート信号が同位相で観測された（図 b）．このような振動は Herzberg-Teller 型の振動と呼ばれ，振動によって遷移強度が変調される振動に対応する（図 d）．量子化学計算との比較により，この遷移強度の変調は分子の骨格振動に伴いプロトン移動度が変化することによって誘起されていることが明らかにされた．以上の結果から，この励起状態プロトン移動反応においては，プロトンの運動そのものというより，分子全体の骨格が変異する低波数モードが反応座標として重要であることが結論された．

このように，量子ビート信号の測定と解析から化学反応と分子振動の間の詳細な関係の解明が可能となる．さらに 2 次元分光と呼ばれるより複雑な時間分解分光手法を用いて，電子状態間の干渉効果，あるいは電子状態と振動が相互作用したコヒーレンス（振電相互作用）の役割についての研究もなされている [3].

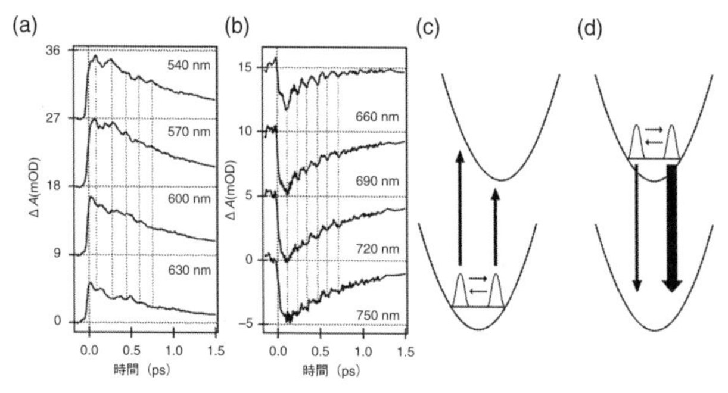

図　励起状態プロトン移動系におけるビート信号 [2]

（a）参照サンプルのビート信号．長波長側と短波長側でビートの位相が反転している．（b）プロトン移動系のビート信号．広い観測波長領域においてビート信号が同位相で観測されている．（c）フランク-コンドン型の振動．（d）Herzberg-Teller 型の振動．

[1] T. S. Rose, M. J. Rosker, A. H. Zewail, Femtosecond Real-Time Observation of Wave Packet Oscillations (Resonance) in Dissociation Reactions.：*J. Chem. Phys.*, **88**, 6672 (1988)

[2] Y. Yoneda, H. Sotome, R. Mathew, Y. A. Lakshmanna, H. Miyasaka, Non-condon Effect on Ultrafast Excited-State Intramolecular Proton Transfer：*J. Phys. Chem. A*, **124**, 265 (2020)
[3] G. D. Scholes, G. R. Fleming, Lin X. Chen, et al., Using coherence to enhance function in chemical and biophysical systems：*Nature*, **543** 647 (2017)

（分子科学研究所　米田勇祐）

コラム4

3パルスフォトンエコーの測定

4光波混合として知られる手法も，光励起後の挙動の実時間測定に広く用いられている．過渡回折格子測定法はその代表例のひとつであり，2つの光パルスを相互に異なる角度で試料に同時に照射し，試料内部で干渉させる．この結果，光強度の強いところと弱いところが縞状に現れ，この干渉縞の間隔（可視や紫外光ではサブマイクロメートル）にそって励起分子が生成する．この励起分子あるいは光反応により生成した化学種，また光熱変換過程による温度の上昇などの縞状の分布は回折格子として作用するので，3番目のプローブ光を入射した場合には回折によりその進行方向が変化する．励起後の時間の経過とともに，熱の伝搬や生成物の拡散により縞模様が消えていき，回折光の強度も弱くなる．したがって回折信号の時間変化から，無輻射過程による温度上昇や熱拡散，反応中間体や生成物の並進拡散過程に関する情報等の取得が可能となる．

過渡回折格子の形成には，2つの励起光を同時に試料に照射してその光電場を直接干渉させるが，照射が同時でなくても1番目のパルス光によって試料中に生じた分極が消失する前に2番目のパルス光を導入した場合には干渉縞が生じる．このように生成された干渉縞に3番目のパルスを当てて生じた回折光を観測するのが3パルスフォトンエコー法（3-pulse photon echo）である[1]．図1にフォトンエコーのパルス配列を示す．興味深いことに，回折光は3番目のパルスより遅れて現れ，不均一極限の場合，その時間差（t_{34}）は1番目と2番目のパルスの時間差（t_{12}）と一致する．これは試料中にt_{12}が記録される現象で，1つのパルスと時間的に離れた2つのパルスでは，それぞれスペクトルが異なることに起因する現象である．これは，パルス強度の時間変化をフーリエ変換してスペクトルとして表すと理解できる．すなわち，パルス間隔に応じて異なるスペクトルの形状を，ホールバーニング的に試料の吸収スペクトルに記録させているという解釈もできる．ただし，不均一極限に近い状況は極低温のガラス中等でしか存在せず，室温付近では分子の熱揺らぎにより試料の中に生じた分極の可干渉性（コヒーレンス）は超短時間で失われてしまう．事実，フォトンエコーの測定結果からは，室温の溶液では100 fs以内にコヒーレンスが失われてしまうことが判明している．この場合，コヒーレンス喪失にかかる時間（位相緩和時間）が試料中に記録されることとなるが，スペクトル中に空いたホールバーニングの形状も時間とともに，溶媒分子の熱揺らぎによって消されてしまう．

3パルスフォトンエコーのピークシフト測定では，この消失時間から試料中のダイナミクスに関する知見を得ることが可能となる．この方法では，回折光の時間積分強度のピークが時間原点（$t_{12} = 0$）からどれだけシフトしているかを3番目のパルスの照射時間（t_{23}）を変えながら測定する．図2には色素IR144のエタノール溶液およびPMMAポリマー中の測定例を示した．溶液系ではシフトの値は溶媒和によって時間とともに減少していくが，ポリマー固体中では，分子の拡散運動が制限され，溶媒和が進行しないためピークシフトが減少しないことがわかる [2]．このピークシフト測定法は光合成系の光捕集アンテナ蛋白質複合体中のエネルギー移動の超高速ダイナミクス検出等にも応用されている．

4番目のパルスを導入してヘテロダイン検出を行うと，フォトンエコー信号（回折光）がいつどのような形状で出現するのかを正確に測定できる．1，2番目のパルス，3番目のパルスと回折光との間の2つの時間差についてフーリエ変換を行うことにより，紫外可視や赤外領域の2次元スペクトルが得られる．特に2次元スペクトルからは，重なり合った複数のスペクトルのあいだの相関について詳細な情報を得ることができるので，化学反応にともなう構造変化や光合成系におけるエネルギー移動経路の検出等に応用されている．

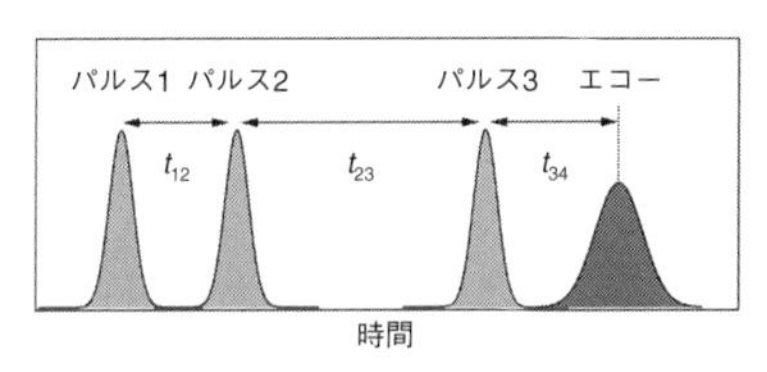

図1　フォトンエコーのパルス配列

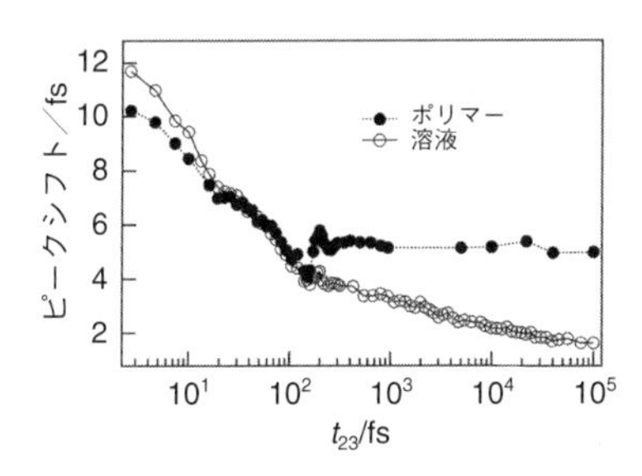

図2　色素 IR144 のエタノール溶液（黒丸点線）と PMMA ポリマー中（白丸実線）の3パルスフォトンエコーのピークシフト測定例

[1] Y. Nagasawa：*J. Photochem. Photobio. C*, **12**, 31 (2011)
[2] Y. Nagasawa, S. A. Passino, T. Joo and G. R. Fleming：*J. Chem. Phys.*, **106**, 4840 (1997)

（立命館大学　長澤 裕）

第5章

固体・粉末系の過渡吸収測定

過渡吸収測定は，溶液や透明な固体などの透過型測定が可能な系だけではなく固体粉末やナノ粒子などに対しても行われており，フェムト秒程度の高い時間分解測定も可能となっている．これらの中でも，特に固体粉末試料に対する拡散反射型の過渡吸収測定，また，単一の微結晶やナノ粒子に対する顕微過渡吸収測定装置とその応用例について紹介する．

5.1　拡散反射法による過渡吸収測定

一般に粉末試料の紫外–可視あるいは赤外スペクトルの定常分光測定には，拡散反射型の光学配置を持つ装置が市販され広く使用されている．時間分解過渡吸収測定においても拡散反射型の光学系は微結晶や粉末粒子に吸着した分子などの光誘起ダイナミクス測定に有効な手法として利用されている．

5.1.1　拡散反射型過渡吸収測定の光学系と特徴

固体粉末試料に対する拡散反射型の過渡吸収測定でも，基本的には通常の透過型測定と同様の手法が用いられるが，大きな違いは，モニター光が拡散反射光として検出されること，またその結果として，

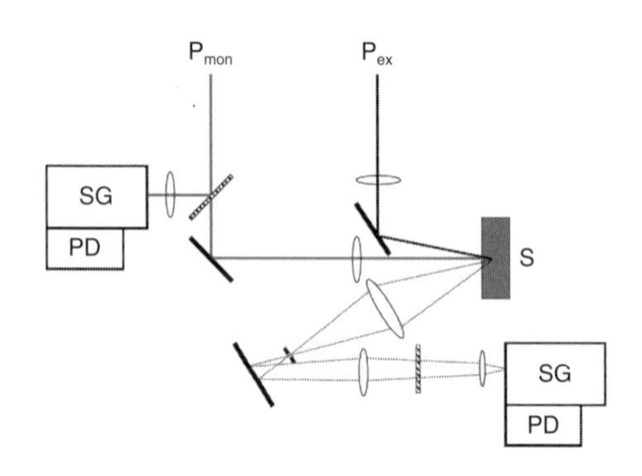

図 5.1　拡散反射過渡吸収測定システムの試料付近の光学配置
P_{ex}：励起光パルス，P_{mon}：モニター光パルス，S：試料，SG：分光器，PD：光検出器.

過渡吸収強度の評価にランベルト・ベール則が適用できないことである．定常拡散反射測定では反射係数と吸収係数を考慮したクベルカ・ムンク（Kubelka-Munk）変換を行い吸収スペクトルが得られる．一方，過渡吸収測定では，光励起のないときのモニター光の拡散反射光強度 R_0 と光励起したときの強度 R を用いて，式 (5.1) に示す%Absorption として過渡吸収信号を得る．

$$\%\mathrm{Absorption} = 100 \times (1 - R/R_0) \tag{5.1}$$

%Absorption は，その値が約 10 以下の範囲では過渡吸光度と比例関係にある [38-40].

図 5.1 にはパルスレーザーを励起光源とする拡散反射過渡吸収測定システムの試料付近の光学配置を示す．この測定系は，フェムト秒過渡吸収測定装置の例であるが，一般的には透過型の測定と同様

に，パルス励起光源としてナノ秒からフェムト秒のパルスレーザーが用いられる．モニター光としてはフェムト秒やピコ秒時間領域の測定ではパルス白色光を用い，4.1 節でも述べたように光学遅延台を導入して観測時間を掃引する．また，この図にも示したように透過型測定と同様に 2 台の光検出器を用いて，白色光の強度やスペクトルの変化を規格化する．一方，ナノ秒以降の測定では通常の透過型測定と同様にモニター光に cw 光源を用いることが多い．3.1 節でも述べたように cw 光源を用いた場合には，透過型測定と同様にオシロスコープなどを用いて時間変化を追跡する．いずれの場合にも，ダーク信号，励起光を遮断した条件でのモニター光，励起光を照射した条件でのモニター光，また励起光のみ照射した発光や散乱の信号の 4 種の測定から過渡吸収信号を得る．

図 5.2（a）には，測定例としてフェムト秒 390 nm レーザー励起による 1,2,4-トリメトキシベンゼン–無水ピロメリット酸（PMDA）の電荷移動錯体結晶粉末の過渡拡散反射スペクトルを示した．積算回数は R_0，R ともに 128 回である．比較として，図 5.2（b）には同じフェムト秒レーザーを用いて顕微鏡下で透過型の光学配置で測定した単結晶の過渡吸収スペクトルも示した．680 nm 付近に観測されるスペクトル形状はほぼ一致しており，拡散反射法によっても透過型測定と同程度の S/N 比でスペクトル測定が可能であることがわかる．

拡散反射光は図 5.3 に示すように多重散乱光であるため，試料に入射する前のパルス光と比べると，その時間幅は広がる．この結果，同じ励起パルス，プローブパルスを用いても得られる過渡吸光度の時間変化，特に時間原点付近の過渡吸収の立ち上がり挙動には，透過型と拡散反射型測定では大きな違いが観測される．図 5.4 には，試料としてペリレン結晶粉末を用い，390 nm フェムト秒パルスを励起

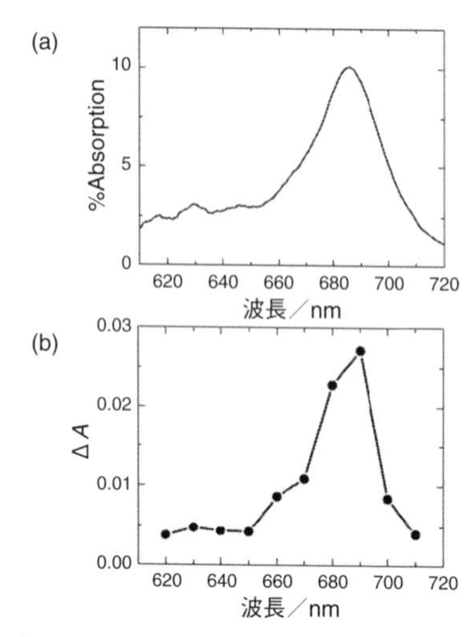

図 5.2　フェムト秒 390 nm レーザー励起による 1,2,4-トリメトキシベンゼン–無水ピロメリット酸の電荷移動錯体結晶の過渡吸収スペクトル（観測時間 2 ps）

(a) 結晶粉末の過渡拡散反射スペクトル．(b) 単結晶を顕微透過配置で測定した過渡吸収スペクトル．

光として透過型および拡散反射型の測定によるペリレンの $S_n \leftarrow S_1$ 吸収の時間原点付近の立ち上がりを示す．この励起波長はペリレンの緩和した蛍光状態（S_1 状態）から 5000 cm^{-1} 高いエネルギーに対応する．また観測時間の 0 ps は励起光パルスとプローブパルスが試料表面に同時に入射した時間である．透過型の測定では，遅延時間 0 ps 付近では励起光およびモニター光両パルスの時間積分として過渡吸光度が立ち上がり，その後，数ピコ秒から数十ピコ秒の時間領域でゆっくりとした過渡吸光度の増加が観測される．これは，4.5 節で述べた振動励起 S_1 状態の熱平衡状態への緩和過程による時間

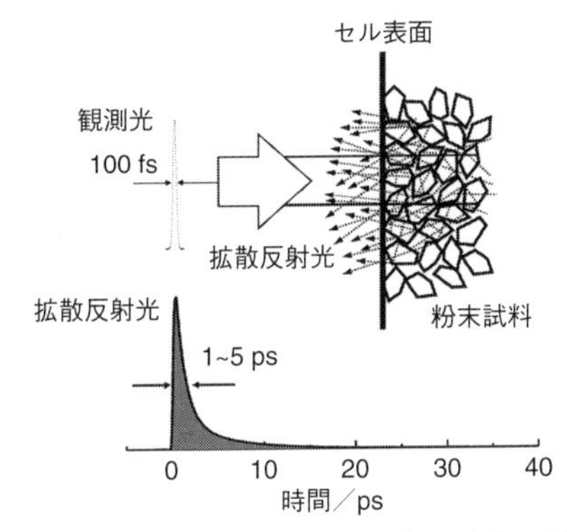

図 5.3 拡散反射によるパルス時間幅の変化の概念図

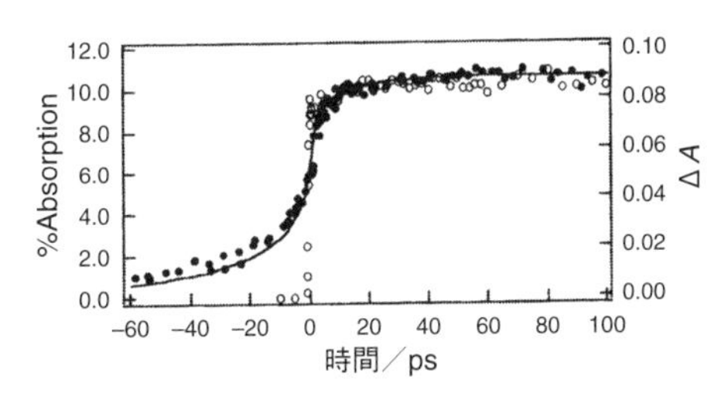

図 5.4 ペリレン結晶の 390 nm フェムト秒パルス励起による $S_n \leftarrow S_1$ 吸収の時間原点付近の立ち上がり（観測波長 700 nm）

○：透過型光学配置の測定結果，●：拡散反射型光学配置の測定結果．実線は多重散乱を取り入れた計算結果 [38]．［レーザー学会から許可を得て転載］

変化に対応する．

一方，拡散反射型光学配置の測定結果では，過渡吸収信号は −60 ps の遅延時間から観測され，0 ps にかけてゆっくりと立ち上がった後，透過型の場合と同様に，数ピコ秒から数十ピコ秒の時間領域で変化を示している．後者の過程は，上で示した熱平衡状態への緩和過程に対応する．前者のゆっくりとした立ち上がりは，主にはモニター光パルスが粉末試料内で多数回反射されることにより，試料内に滞在する時間が長くなるためである．

この多数回の反射の効果を定量的に見積もるために，基底状態，励起状態の吸収係数や散乱係数，さらに試料内での深さ方向にも依存した励起光とプローブ光の伝搬を取り入れた解析がなされている[38-40]．この結果から，拡散反射型測定における時間分解能は，主に励起波長における試料基底状態の吸収係数に大きく依存することが示されている．すなわち，基底状態の吸収係数が大きい試料では励起パルスは試料内部まで届かず，過渡吸収に寄与する変化は試料表面付近のみとなる．その結果，試料表面付近で散乱されるプローブ光は，すぐに試料表面から外部に出ていくので，モニター光の拡散反射成分の時間広がりは少なく，立ち上がりは速くなる．この多重反射を考慮した解析に基づく計算値（図5.4）は実測の結果をほぼ再現しており，試料の吸収係数や散乱係数を用いれば，計算結果との比較から，過渡吸収量の時間変化を1 ps程度の時間分解能で正しく評価できることも示されている．なお，フェムト秒パルスを用いた場合には，パルス光の試料内での伝搬も考慮した解析が必要となるが，このような拡散反射分光と透過型吸収分光の時間応答波形の違いはパルス幅が20 ps以上の光源を用いた場合には，ほぼ無視できる[38-40]．

5.1.2　有機微結晶粉末試料の拡散反射法による過渡吸収測定例

拡散反射過渡吸収スペクトルの測定例として，デュレンと無水ピロメリット酸（PMDA）の電荷移動（CT）錯体結晶の結果を紹介する．試料は粒径が数マイクロメートル～10 μm程度の微結晶粉末である．図5.5は，397 nmの励起光でCT吸収帯を励起して得られた

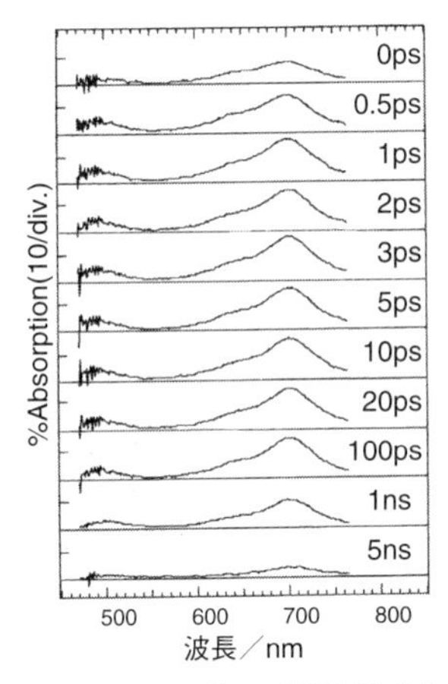

図 5.5 デュレン–無水ピロメリット酸の電荷移動錯体粉末結晶のフェムト秒 390 nm レーザーパルス励起による拡散反射過渡吸収スペクトル [38]［レーザー学会から許可を得て転載］

過渡吸収スペクトルである．励起後数ピコ秒で観測される 700 nm に極大を示す吸収は PMDA のラジカルアニオンに同定できる．一方，デュレン（1,2,4,5-テトラメチルベンゼン）のラジカルカチオンの吸収の分子吸光係数は小さいので，主に PMDA のラジカルアニオンが観測されている．一般に，このデュレン–PMDA 系のような電荷移動錯体は“弱い電荷移動錯体”と呼ばれており，基底状態における電子供与体（D）と電子受容体（A）の間の電荷移動の寄与は非常に小さいが，励起状態では電荷移動の割合はほぼ 100%である．この結晶系でも過渡吸収スペクトルは，ラジカルアニオンとほぼ同一の形状を示している．このラジカルイオンの吸収の立ち上がりの解析から，ほぼ完全に電荷分離した状態の生成には数ピコ秒の時間を要することから，D と A の間のわずかな構造変化などが電荷移動度の増大に重要な役割を果たしていることが示されている [41].

一般に CT 結晶を含め有機物の結晶は，溶液からの再結晶や真空昇華によって容易に得られるが，その形状は様々であり通常の透過型の分光測定が可能な透明で大きな結晶を作製することは一般には困難な場合も多い．拡散反射分光法は，透明で大きな結晶が得られない場合でも，励起状態の過渡吸収スペクトルとその時間変化を，比較的弱い励起光強度かつ高い時間分解能で測定可能であり，固体粉末系の励起状態ダイナミクスの研究に有力な手法である．

5.2　顕微過渡吸収測定

光学顕微鏡下における過渡吸収測定からは，構造や物性が不均一な試料の空間選択的な光応答や微小物質の光誘起ダイナミクスに関する知見が得られる．また高倍率の対物レンズを用いた場合には単位面積あたりの光子数が多くなるので，非常に小さい出力の励起用レーザーパルスを用いても過渡吸収信号を得ることが可能となる．たとえば励起パルスレーザー光をビーム直径 500 nm まで集光した場合には，0.2 nJ/pulse の出力のパルスレーザーを用いても，通常の過渡吸収測定における励起スポットとほぼ等しい約 100 μJ/cm^2 の強度が得られる．市販の一般のフェムト秒レーザー発振器（出力エネルギー 1 W，繰り返し周波数 100 MHz）の 1 パルスあたりの光強度は 10 nJ/pulse であり，発振器のみでもマイクロメートルサイズの領域の過渡吸収測定が可能となる．

5.2.1　顕微過渡吸収測定の光学系と特徴

図 5.6 には，顕微過渡吸収測定システムの光学系を示した．この図ではパルス光源として，フェムト秒チタンサファイヤレーザー発

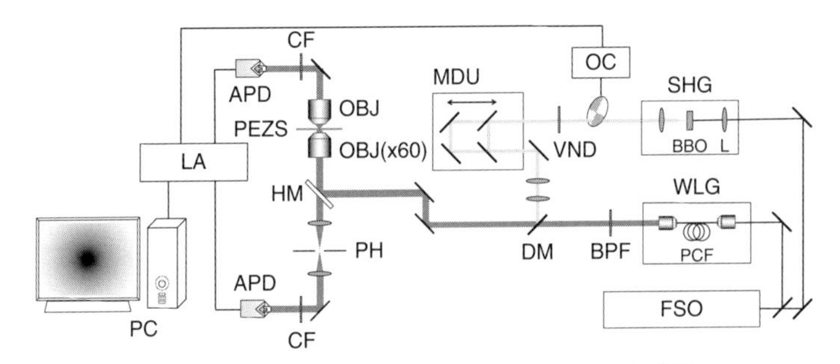

図 5.6 顕微過渡吸収測定システムの光学系の概念図

FSO：フェムト秒レーザーオシレーター，OBJ：対物レンズ，PCF：フォトニック結晶ファイバ，BBO：非線形結晶，OC：オプティカルチョッパー，VND：可変型減光フィルター，MDU：遅延時間発生装置，L：凸レンズ，BPF：バンドパスフィルター，DM：ダイクロイックミラー，HM：ハーフミラー，PEZS：ピエゾステージ，PH：ピンホール，CF：励起光カットフィルター，APD：アバランシェフォトダイオード，LA：ロックインアンプ，PC：パソコン，SHG：第二高調波発生装置，WLG：フェムト秒白色光発生装置．

振器（800 nm，100 fs fwhm，80 MHz，1 W）を用いた例を示している [42]．一般には，パラメトリック発振器と組み合わせた光源なども使用可能である．図 5.6 では，発振器の出力を 2 つに分割し，一方を第二高調波に変換して励起光として用いている．励起光は，光学遅延装置を通ったのち倒立型光学顕微鏡に導き対物レンズ（60 倍程度の空浸対物）で試料に集光する．一方の基本波は，別の対物レンズでフォトニック結晶ファイバ（PCF）に集光し，波長 500～800 nm のフェムト秒白色光を得る．この白色光は対物レンズにより平行光として，バンドパスフィルターにより観測したい波長を選択しモニター光として用いる．励起光と白色光の波長は一般には異なるので，同一の対物レンズを用いると焦点位置が異なる．そのため，この色収差を補正するために励起光の光路には 2 つのレンズを組み合わせて，焦点位置を調節できるようにする．このモニター光は，励起光と同軸にして試料に集光する．試料を透過した光は，試料上部に配置した別の対物レンズで集光され高感度フォトダイオード（アバランシェフォトダイオード，APD1）で検出する．試料位置における励起光および観測光のビーム直径は約 1 μm である．励起光の光路には光学チョッパーを導入し，励起ありとなしのときのモニター光強度をそれぞれ得る．スペクトル測定を行う場合には，分光器付きの CCD カメラや MCPD を用いることも可能であるが，顕微過渡吸収ではレンズの色収差や，後述のようにモニター光による試料の光劣化などを避けるために，モニター波長を固定して時間変化を測定し，その後，別の波長の測定を繰り返してスペクトルを構築する手法を用いる場合が多い．

一般のフェムト秒レーザー発振器の繰り返し周波数は，80～100 MHz（パルス間隔として 10 から 12.5 ns）と非常に高い．そのため励起状態や中間体の寿命が長い系ではレーザー発振器の後に，ポッケルスセルなどを用いて繰り返し周波数を落として測定を行う．室温における三重項状態の寿命は数十マイクロ秒程度なので，多くの場合，繰り返し周波数が 10 kHz（パルス間隔 100 μs）程度以下であれば，中間体が完全に減衰した後に次のパルスレーザーを照射できる．

顕微過渡吸収は，分子性結晶などの試料の測定に応用される場合も多い．これらの試料では，光吸収を行う分子の密度が高いので，パルス光励起によって高密度に励起状態が生成する．高密度励起状態生成は，顕微過渡吸収測定に限定されるものではないが，特に光学系などの制限が大きい顕微過渡吸収では注意が必要となる．既述のとおり過渡吸収測定の条件では，照射体積中における励起分子の割合が数%から数十%程度となる場合も多い．固体の分子性結晶を単純な単位格子として考えると，1 つの分子の周りに隣接する分子数は 14〜16 個となり，さらにその隣の分子を入れると 20〜30 個の分子が周囲に存在する．したがって励起光照射体積中に存在する基底状態分子の 10%が励起されたときには，励起分子は必ず隣接して存在する．このような場合には，励起状態の減衰挙動に対する励起光強度依存性の測定を行い，励起分子間の消滅過程などの寄与を定量的に見積もることが必要となる．

また顕微過渡吸収測定では，直径が 1 μm 程度と非常に小さい領域に集光されるので，励起光のみならずモニター光の光強度にも注意が必要となる．2.3 節でも述べたようにランベルト・ベールの式に基づき過渡吸光度を評価できるのは，モニター光の光子数が励起分子の個数に比べて，非常に小さい場合に限定される．また，観測光も励起光と同様に非常に小さい空間に集光するのでモニター光による試料の光劣化などが起こる場合もある．したがって，フェムト秒白色光などをモニター光に使用する場合でも，微弱光の検出が可能な高感度ラインセンサーを使用する場合を除けば，試料透過前にバンドパスフィルターなどで観測波長を選択して時間変化を測定し，多くの観測波長の時間変化からスペクトルを構築する方法のほうが信頼性の高いデータが得られる（図 5.2（b））．

5.2.2 集光スポットより小さい試料の顕微過渡吸収測定

試料がビーム直径よりも小さい場合には，すでに 2.3 節でも述べたように，試料を透過しなかった部分のモニター光は迷光となり正しい過渡吸光度を得ることが困難となる．そのため過渡吸収信号を得るためにはモニター光の透過測定とは異なる方法が必要となる．このような場合には，試料からの後方散乱光（光の伝搬方向とは逆の方向，すなわち入射光側への散乱光）を利用することで，迷光の寄与

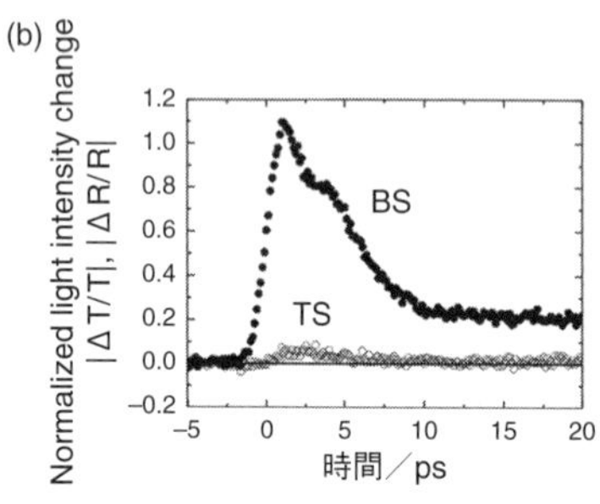

図 5.7　(a) ガラス基板上の金ナノ粒子（粒径 100 nm）の暗視野光散乱イメージ．(b) 後方散乱光の検出による単一金ナノ粒子（図 (a) 白い円の中）の過渡吸収信号の時間変化．励起波長 397 nm，観測波長 540 nm．BS 後方散乱および TS 透過型測定の結果．

を除いて単一ナノ粒子の過渡信号が取得可能となる．また，この方法では，試料の大きさに依存した散乱強度や媒体や試料の屈折率などを考慮することで，高感度に過渡吸収信号が取得できる [42,43]．

図 5.7 にはガラス上に分散された直径 100 nm の金ナノ粒子に対する後方散乱光検出による測定結果を示す [42]．図 5.7 (a) に示す暗視野照明下での光散乱イメージが示すように，金ナノ粒子は分散して存在している．図 5.7 (b) は，図 5.7 (a) に示した中央の円で示した金ナノ粒子を対象に，後方散乱光学配置で測定した過渡吸光度の時間変化である．モニター波長の 540 nm は金ナノ粒子のプラ

ズモンバンドに対応し，励起により通常は負の過渡吸収信号として観測される．比較のために，通常の透過配置で測定した結果も示した．後方散乱光を検出した測定結果では，透過光の検出結果と比較して，過渡信号の大きさがはるかに大きい．これは透過光の測定では試料を透過していないモニター光が迷光として作用することによる．すなわち後方散乱光を用いることで，高感度に過渡吸収信号を検出することが可能となる．また，後方散乱光の強度は試料の反射率にも大きき依存する．また反射率は試料周囲の屈折率に依存するので，周囲の媒体を選択することで，より高感度な検出が可能となる [42,43].

5.2.3 顕微過渡吸収の単一微結晶のダイナミクス測定への応用

図 5.8 (a) に示すルブレンは，固体結晶系では生成した励起一重項状態分子と隣接する基底状態分子から，2 つの励起三重項状態分子が生成する ($S_1+S_0 \rightarrow T_1+T_1$)．この励起子分裂 (Singlet fission：SF) 過程では，最低励起一重項状態のエネルギー $E(S_1)$ が励起三重項状態のエネルギー $E(T_1)$ の 2 倍以上大きいこと，$E(S_1) \geqq 2\times E(T_1)$，が必要となる．しかし，ルブレン系では $E(S_1) = 2.25\,\mathrm{eV}$ および $E(T_1) = 1.14\,\mathrm{eV}$ であり，$E(S_1)-2\times E(T_1) = -30\,\mathrm{meV}$ と SF 過程は若干吸熱となるので，その反応速度は温度の影響を受けやすい．

図 5.8 (b) には，フェムト秒 397 nm パルス励起によるルブレンの単一結晶 ($50\,\mu\mathrm{m}\times 150\,\mu\mathrm{m}\times 2.1\,\mu\mathrm{m}$) の過渡吸収スペクトルを示す．励起直後から観測される 510 nm 付近の吸収は T_1 状態に同定できる．この吸収は，励起後 100 ps まで増大し，それ以降は一定値を示した．この T_1 状態の信号の立ち上がりは 2 成分の指数関数で解析でき，その時定数は 2.8 ps と 30 ps であった．時定数 2.8 ps は主に S_1 の高い振動準位からの SF 過程に，30 ps の時定数で進行

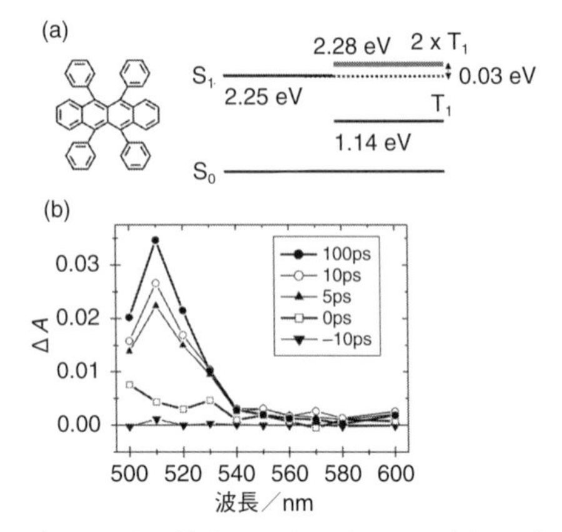

図 5.8　(a) ルブレンの分子構造 とエネルギー図と (b) ルブレン（の単一微結晶（50μm × 150 μm × 2.1 μm）の過渡吸収スペクトル

する過程は振動緩和した S_1 状態からの過程であることが示されている．すなわち，本来，吸熱過程である SF 過程が，振動緩和以前には余剰エネルギーが大きく高速で進行することが示されている [44].

5.2.4　顕微過渡吸収装置の高空間分解イメージングへの応用

微小物質の詳細な光励起ダイナミクスの測定のみならず，よりサイズの大きな試料の空間位置を特定した光応答過程の測定にも，顕微過渡吸収法は応用されている．過渡吸収信号は，空間的な励起光のプロファイルと観測光のプロファイルの重なっている部分の信号に依存して観測されるが，特に励起光の空間分布の中でも，その強度の大きいところの信号が大きな寄与を持つ．そのために実際に集光したスポットサイズから見積もられる空間分解能（光の回折限界）よりも，さらに高い空間分解能での過渡信号測定が可能となる．さ

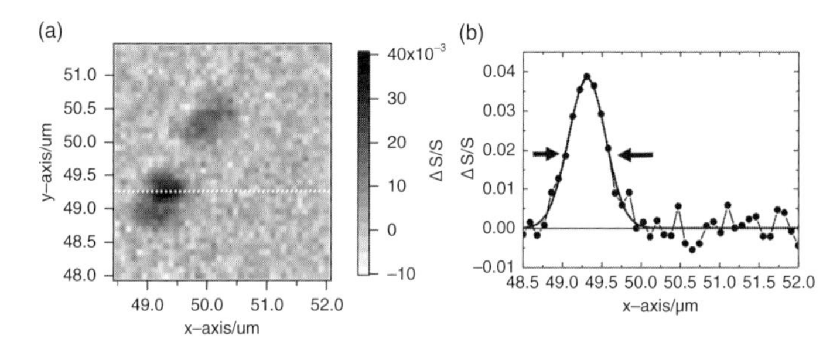

図 5.9 (a) ガラス基板上に分散させた金ナノ粒子(直径 100 nm)の過渡吸収信号マッピング(3.5 μm × 3.5 μm). 励起波長 397 nm, 観測波長 530 nm, 観測時間 1 ps, 空間ステップ長 100 nm. (b) マッピング図中の白線のラインプロファイル. 実線は, ガウス関数による解析結果.

らにピエゾステージやガルバノミラーを用いて, 試料をナノメートルスケールで掃引することで高空間分解過渡吸収マッピング像を得ることもできる.

図 5.9 には, 直径 100 nm の金ナノ粒子コロイドをスピンコート法によりガラス基板上に分散させた試料を対象に, 励起波長と観測波長をそれぞれ 397 nm と 530 nm として, 励起後 1 ps で観測された過渡吸光度の観測位置依存性である. この場合には, ピエゾステージを用いた測定が行われた. 1 ps で観測される 530 nm の信号は, 金ナノ粒子の電子–格子カップリングに由来する. 図の濃淡は過渡吸収信号強度を示してあり, 黒色に近づくと高く, 白色はゼロである. この図からは, 座標 (49.25 μm, 49.30 μm) に金ナノ粒子が存在することがわかる. 図中の破線のラインプロファイルをガウス関数解析から求めると装置の XY 軸方向の分解能は 330 nm であり, ビーム直径 (800 nm) よりも小さい値を示している. この結果は, 上述のように, 励起光と観測光の重なっている領域でも過渡信号は励起

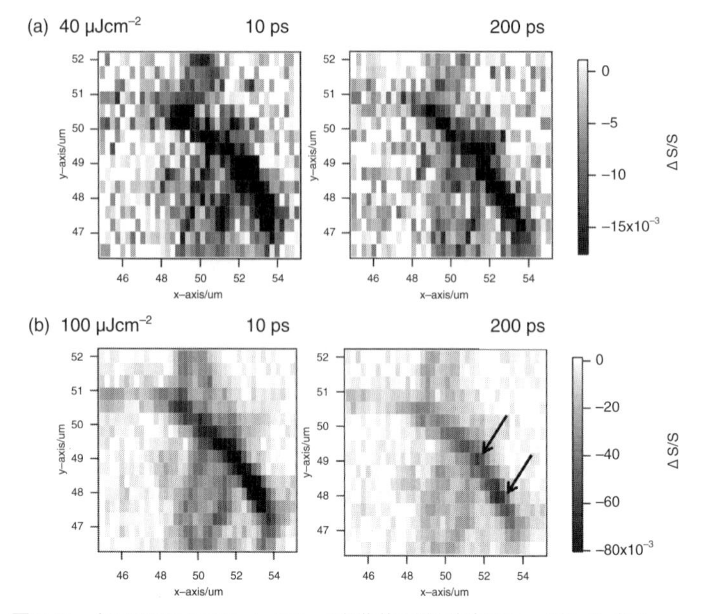

図 5.10　銅フタロシアニンナノロッド凝集体の過吸収信号マッピング（6.5 μm × 10.0 μm）励起波長 397 nm，観測波長 530 nm，空間ステップ長 200 nm．励起光強度．（a）40 μJ cm^{-2}，（b） 100 μJ cm^{-2}．

光の出力が高い部分の寄与が大きいため，高い空間分解能が得られることを示している [43]．

この装置を用いた測定例として，カバーガラス上に分散させた銅フタロシアニンナノロッド（CuPc-NR）コロイド凝集体の過渡吸収イメージングの結果を示す [43]．ナノロッドの幅は 40 nm 程度であるが，長さは 100 nm から 1 μm と幅広い分布をもつ．測定条件として，励起光は 397 nm，観測波長は励起状態吸収に対応する 550 nm とし，観測時間は励起後 10 ps と 200 ps とした．励起光強度は 40 μJ cm^{-2} と 100 μJ cm^{-2} であり，40 μJ cm^{-2} では励起子消滅が起こらない条件である．

40 μJ cm^{-2} の励起光強度条件では，遅延時間を変えても過渡信号の強度分布に大きな変化はなく，CuPc-NR 凝集体のエネルギー緩和過程は，ほぼ一様に進行することがわかる．一方，励起光強度が強い 100 μJ cm^{-2} 条件では，励起後 10 ps のイメージ図では中心の CuPc-NR 凝集体に加えて，いくつかナノロッドがさらに重なっている．中心の CuPc-NR 凝集体に限れば，励起光強度が弱い条件と類似の過渡信号の強度分布を示しているが，励起後 200 ps になると，一様に信号強度が減少しているわけではなく，図中の矢印で示す部分の過渡信号強度が高いまま残っている．この結果から，CuPc-NR 凝集体には消滅過程による長寿命の過渡種の生成や励起状態のエネルギー分布の存在が示されている．

このように過渡吸収イメージング測定からは，観測対象のサイズや形状，さらには結晶の内部や表面などに依存した，励起状態ダイナミクスとの相関関係についての知見を取得することが可能であり，集団計測では取得困難な位置やサイズに依存した光化学反応や光物理過程の解明への応用を含めて，今後，応用展開が広がっていくと考えられる．

コラム5

時間分解X線回折・散乱法

光照射に伴う構造変化を直接的に検出できる測定手法として，時間分解 X 線回折・散乱法が挙げられる．この手法はポンプ・プローブ法の 1 種であり，紫外光や可視光による試料の励起を時間原点として光応答過程を観測する点は過渡吸収測定と同様であるが，図に示すように，プローブ光として X 線を利用する．X 線回折は，主に結晶性試料を対象に結合長や結合角などを直接的に決定でき

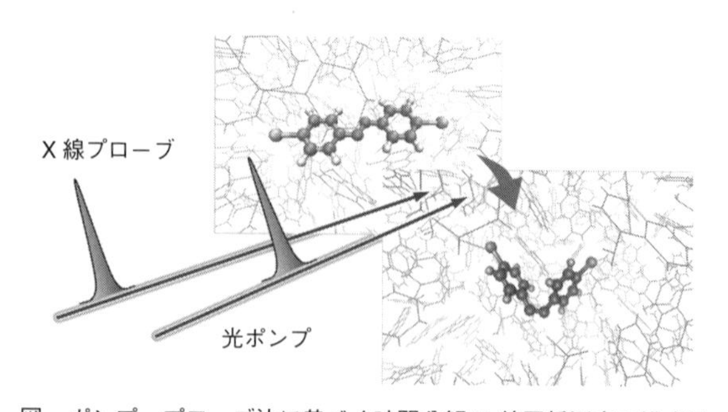

図　ポンプ・プローブ法に基づく時間分解 X 線回折測定の模式図

るので，分子の構造決定において強力な手法である．これを時間分解測定に拡張することで，光励起により生成する励起状態や反応中間体の構造決定が可能となる．

測定の時間分解能は，パルス X 線源としてシンクロトロン放射光を用いた場合にはおよそ 100 ps 程度であるが，近年では X 線自由電子レーザーの登場により，フェムト秒のパルス幅の X 線が利用になっている．また，輝度は劣るものの，サブピコ秒光源としてレーザープラズマを用いる方式もラボスケールの実験に利用されている [1]．時間分解能の向上により，励起状態における構造変化が鍵となる異性化反応など，種々の超高速現象の可視化に応用されている． X 線回折は，基本的に結晶性の高い試料に限られるが， X 線散乱能の大きな重原子を含む溶質分子であれば， X 線小角あるいは広角散乱として溶液中の分子の光誘起ダイナミクスを追跡することも可能である [2]．多くの化学反応の反応場となる液相において，短寿命過渡種の構造を決定できる意義は極めて大きい．

これらの手法は，生体機能の初期過程となる光受容タンパク質のクロモフォアの異性化反応や [3]，化学結合の生成のモデルとなる金シアノ錯体などの超高速構造変化の可視化が報告されている [4]．また，同様のパルス X 線を用いた時間分解測定として， X 線吸収分光を利用したダイナミクス研究も展開されており，元素に応じて異なるエネルギー領域に現れる吸収端の微細構造を検出することにより，元素選択的に構造情報を得ることも可能である [5]．時間分解レーザー分光法と併用することにより，今後より一層に多彩な分子系，材料系の構造化学研究への展開が期待される．

[1] H. Sotome, Y. Azuma, S. Asami, S. Matsushima, S. Kajimoto, H. Fukumura：*Chem. Lett.*, **44**, 961 (2015)
[2] H. Ihee：*Acc. Chem. Res.*, **42**, 356 (2009)
[3] N. Coquelle, M. Sliwa, J. Woodhouse, *et al.*：*Nat. Chem.*, **10**, 31 (2018)
[4] K. Kim, J. Kim, S. Nozawa, *et al.*：*Nature*, **518**, 385 (2015)
[5] H. T. Lemke, C. Bressler, L. X. Chen, *et al.*：*J. Phys. Chem. A*, **117**, 735 (2013)

（大阪大学　五月女 光）

コラム6

単一分子の超高速時間分解蛍光計測

蛍光測定では背景雑音のない検出系の構築が可能であり，単一分子レベルの検出に必要な S/N 比を比較的容易に実現できる．そのため，単一分子の蛍光測定は超解像イメージングなどに利用されるとともに，ピコ秒やフェムト秒パルスレーザー励起による蛍光寿命や光子相関測定，スペクトル計測などによるダイナミクの検出にも用いられ，アンサンブル（多数系）観測とは異なる視点からの究極的測定も行われている．

分子 1 個の励起状態からの輻射による蛍光光子数は，たかだか 1 個であるため，単一分子の分光計測では，単一光子の検出感度を持つ測定器が用いられる．これらの中でも，励起状態のダイナミクスに関する情報を取得するには，時間相関単一光子計数法（TCSPC）が一般的に用いられてきた．この手法の時間分解能は，光子検出器である光電子増倍管あるいはアバランシェフォトダイオード（APD）の装置応答関数で決定されるので，せいぜい数十ピコ秒である．この時間分解能は過渡吸収測定よりは 2～3 桁低く，ピコ秒より速い単一分子の励起ダイナミクスを計測することは一般的には困難であった．しかし最近では，単一分子のフェムト秒分光に関する研究も可能となっている．ここでは，これらの研究例の一つ [1] を紹介する．

図（a）には測定装置の概念図を示す．パルス幅数百フェムト秒のレーザーパルスを 2 分割し，光路長を変化させることでパルス対の時間間隔を制御して共焦点レーザー顕微鏡に導く．このパルス対で単一有機色素を励起し，光子検出器で計数された蛍光光子数をパルス時間間隔の関数として記録すると図（c）のような結果が得られる．

系の応答を，図（b）に示すような簡単なモデルで考える．基底状態の最低振動順位を $|1, v=0\rangle$，フランク - コンドン励起状態を $|2, v\rangle$，$|2, v\rangle$ から振動緩和した励起状態を $|2, v'\rangle$ で表す．振動緩和を考えない場合，系は二準位系となるので，飽和条件でこの分子を励起すると励起後分子が $|1, v=0\rangle$，$|2, v\rangle$ にいる確率はそれぞれ 0.5 であり，蛍光量子収率 $\fallingdotseq 1$ の蛍光分子（パルス通過後，励起状態にある分子は即座に輻射緩和すると仮定する）を対象にしたときには，1 パルス当たり蛍光の発光確率は 0.5 である．さて，この二準位系を 2 パルスで飽和励起した場合を考える．2 パルスの時間的重なりがない場合は，パルス対が透過した後，蛍光の発光確率は 0.75 である．一方，2 パルスの時間差 $t=0$ の場合は，1 パルスによる励起となるため発光確率は 0.5 となり，2 パルスの重なりが減少するにつれ発光確率は増加する（図（c）実線）．

次に，励起状態の振動緩和（時定数 τ_{er}）を含む三準位系を考える．振動緩和が起これば，$|2, v'\rangle$ の状態はもはや励起パルスに共鳴しないので，1 パルス当たりの発光確率は 0.5 よりも大きくなる．この値を α すると，$t=0$ で発光確率は α，2 パルスの時間的重なりがない領域では $1-(1-\alpha)^2$ である．したがって，パルスが完全に重なった $t=0$ と 2 パルスの時間的重なりがない場合の発光確率の差は $\alpha(1-\alpha) < 0.25$（$\because 0.5 < \alpha < 1$）となり，$t=0$ でのディップの深さは振動緩和がない場合より浅くなる．

t を変えながら蛍光強度を測定したときの時間依存波形 $I(t)$ は，$t=0$ の信号強度を I_0，$|t|$ が十分大きく 2 パルスの時間的重なりがないときの信号強度を I_{long} とし，励起パルスがデルタ関数であるとすると，$I(t) = I_0 + (I_{long} - I_0)e^{(-1/\tau_{er})|t|}$ である．実際の信号には，励起パルスの時間幅が畳み込まれるため，上記 $I(t)$ にパルス幅を考慮して解析することで，励起状態分子の超高速緩和過程を単一分子レベルで計測することが可能となる．文献 [1] では，高分子マトリクス中の単一ペリレンジイミド誘導体を測定し，その緩和時間が数十～数百フェムト秒で分子ごとに異なることを実験的に示しており（図（c）の（i），（ii）），平均化を排した個々の分子の超高速励起状態緩和の測定

に成功している.

このように，複数パルス励起により単一分子の超高速緩和過程を観測することが可能であり，近年では，単一分子の量子状態のコヒーレント制御 [2] や非線形分光などへ研究が展開されている [3]．今後は，分子の量子状態を自在に制御し，1 個 1 個の分子の反応を完全に光で制御可能な方法論の開拓が期待される.

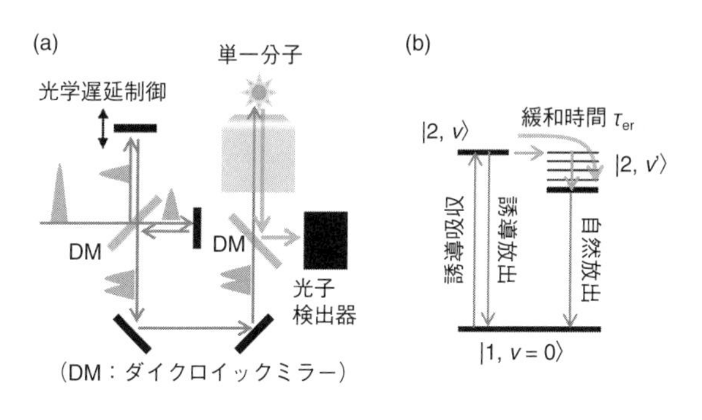

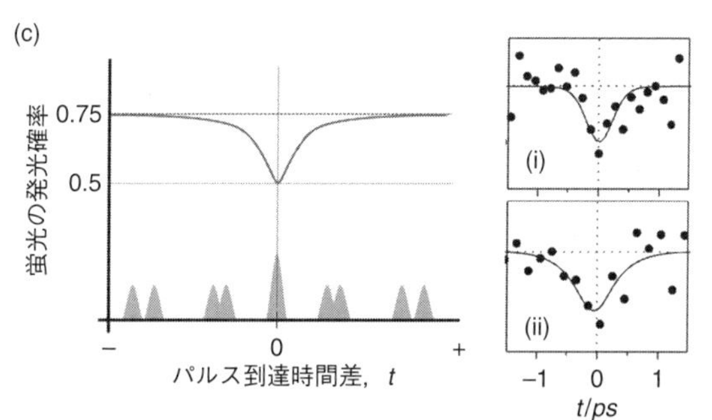

図 (a) 単一分子超高速分光の光学系の例，(b) 対象とする単一蛍光分子のエネルギー準位のモデル，(c) 二準位系を仮定した時のパルス到達時間差と検出される蛍光強度の関係（左）と実際の測定結果［(i)，(ii)，文献 [1] より許可を得て転載］

[1] E. M. H. P. van Dijk, J. Hernando, J.-J García-López, M. Crego-Calama, D. N. Reinhoudt, L. Kuipers, M. F. García-Parajó, N. F. van Hulst：*Phys. Rev. Lett.*, **94**, 078302 (2005)

[2] D. Brinks, F. D. Stefani, F. Kulzer, R. Hildner, T. H. Taminiau, Y. Avlasevich, K. Müllen, N. F. van Hulst：*Nature*, **465**, 905 (2010)
[3] M. Liebel, C. Toninelli, N. F. van Hulst：*Nat. Photon.*, **12**, 45 (2018)

（大阪大学大学院基礎工学研究科　伊都将司）

文　献

[1] R. G. W. Norrish, G. Porter：*Nature*, **164**, 658 (1949)

[2] G. Porter：*Proc. Roy. Soc. London A*, **200**, 284 (1950)

[3] R. R. Alfano, S. L. Shapiro：*Phys. Rev. Lett.*, **24**, 584 (1970)

[4] J. Itatani, J. Levesque, D. Zeidler1, H. Niikura, H. Pépin, J. C. Kieffer, P. B. Corkum, D. M. Villeneuve1：*Nature*, **432**, 867 (2004)

[5] Special issue on Ultrafast Processes in Chemistry, *Chem. Rev.*, **117**, 10621 (2017)

[6] C. R. Goldschmidt："Lasers in Physical Chemistry and Biophysics" (Ed J. Joussot-Dubien), p. 499, Elsevier (1975)

[7] 安積 徹：岩波講座 現代化学 23，エネルギー変換の化学，p. 53，岩波書店（1980）

[8] A. Seilmeier, W. Kaiser："Ultrashort Laser Pulse and Applications" (Ed. by W. Kaiser), p. 279, Springer-Verlag (1988)

[9] J. B. Birks："Photophysics of Aromatic Molecules", Wiley-Interscience (1970)

[10] I. B. Berlman："Handobook of Fluorescence Spectra of Aromatic Molecules", Academic Press (1971)

[11] 日本化学会 編：化学便覧 基礎編 改訂 6 版，"気体の溶解度"，p. 689，丸善（2021）

[12] I. Carmichael, G. L. Hug：*J. Phys. Chem. Ref. Data*, **15**, 1 (1983)

[13] 今村 昌・吉良 爽・荒井重義：ナノ・ピコ秒の化学（日本化学会編），p. 181，学会出版センター（1979）

[14] R. A. Marcus, N. Sutin：*Biochem. Biophys. Acta*, **811**, 265 (1985)

[15] N. Mataga, H. Miyasaka：*Adv. Chem. Phys.*, **107**, 431 (1999)
[16] H. Miyasaka, H. Masuhara, N. Mataga：*Laser Chem.*, **1** 357 (1983)
[17] T. Kawakami, M. Koga, H. Sotome, H. Miyasaka：*Phys. Chem. Chem. Phys.*, **22**, 17472 (2020)
[18] M. Koga, H. Sotome, N. Ide, S. Ito, Y. Nagasawa, H. Miyasaka：*Photochem. Photobiol. Sci.*, **20**, 1287 (2021)
[19] 河田 聡：化学計測のためのデータ処理入門，CQ 出版（2002）
[20] C. Ruckebusch, M. Sliwa, P. Pernot, A.de Juan, R. Tauler：*J. Photochem. Photobiol. C*, **13**, 1 (2012)
[21] 岡田 正・中島信昭・増原 宏・又賀 昇：新実験化学講座 4，基礎技術 3 光（II），“ナノ秒時間分割測定”（日本化学会編），p. 604，丸善（1976）
[22] H. Masuhara, N. Mataga：*Acc. Chem. Res.*, **14**, 312 (1981)
[23] N. Mataga, H. Chosrowjan, S. Taniguchi：*J. Photochem. Photobiol. C*, **6**, 27 (2005)
[24] Y. Hirata, N. Mataga：*J. Phys. Chem.*, **89**, 4031 (1985)
[25] H. Miyasaka, K. Morita, K. Kamada, N. Mataga：*Chem. Phys. Lett.*, **178**, 504 (1991)
[26] Y. Kobayashi, K. Shima, K. Mutoh, J. Abe：*J. Phys. Chem. Lett.*, **7**, 3067 (2016)
[27] 武藤克也・阿部二朗：有機合成化学協会誌，**77**，485（2019）
[28] G. Fleming：Chemical Applications of Ultrafast Spectroscopy, Oxford University press (1986)
[29] R. L. Fork, C. V. Shank, R. T. Yen, C. Hirlimann：“Picosecond Phenomena III” (Ed. by K. B. Eisenthal, R. M. Hochstrasser, W. Kaiser, A. Laubereau), p. 10, Spinger (1982)
[30] C. V. Shank, E. P. Ippen：*Appl. Phys. Lett.*, **26**, 62 (1975)
[31] 宮坂 博・森山孝男・板谷 明：レーザー研究，**24**，804（1996）

[32] M. Cho, M. Du, N. F. Scherer, G. R. Fleming：*J. Chem. Phys.*, **99**, 2410 (1993)

[33] H. Miyasaka, N. Mataga："Pulse Radiolysis" (Ed. by Y. Tabata), p. 173, CRC Press (1991)

[34] H. Miyasaka. S. R. Khan, A. Itaya：*J. Photochem. Photobiol. C*, **4**, 195 (2003)

[35] T. Katayama, Y. Ishibashi, Y. Morii, C. Ley, J. Brazard, F. Lacombat, P. Plaza, M. M. Martin, H. Miyasaka：*Phys.Chem.Chem. Phys.*, **12**, 4560 (2010)

[36] H. Miyasaka, Y. Satoh, Y. Ishibashi, S. Ito, Y. Nagasawa, S. Taniguchi, H. Chosrowjan, N. Mataga, D. Kato, A. Kikuchi, J. Abe：*J. Am. Chem. Soc.*, **131**, 7256 (2009)

[37] 宮坂 博・五月女 光：CSJ カレントレビュー 43，有機光反応の化学（日本化学会編），p. 168，化学同人（2022）

[38] 朝日 剛・増原 宏：レーザー研究, **24**，796（1996）

[39] 朝日 剛・福村裕史・増原 宏：新高分子実験学 7，高分子の構造 3，"可視・紫外吸収スペクトル"（高分子学会編），p. 223，共立出版（1996）

[40] T. Asahi, A. Furube, H. Fukumura, M. Ichikawa, H. Masuhara：*Rev. Sci. Instrum.*, **69**, 361 (1998)

[41] T. Asahi, Y. Matsuo, H. Masuhara, H. Koshima：*J. Phys. Chem. A*, **101**, 612–616 (1997)

[42] Y. Ishibashi, T. Asahi：*J. Phys. Chem. Lett.*, **7**, 2951 (2016)

[43] Y. Ishibashi, T. Asahi：Photosynergetic Responses in Molecules and Molecular Aggregates (Ed. by H. Miyasaka, K. Matsuda, J. Abe, T. Kawai), p. 493, Springer (2020)

[44] Y. Ishibashi, Y. Inoue, T. Asahi：*Photochem. Photobiol. Sci.*, **15**, 1304 (2016)

索　引

【数字・欧字】

2 分子反応 …… 47
3 パルスフォトンエコー …… 103
CCD …… 10, 69
DAS …… 36, 43
dispersive kinetics …… 96, 98
ESR …… 26
MCPD …… 10, 69
SAS …… 36, 44
$S_n \leftarrow S_1$ 吸収 …… 22, 74, 85, 86
$S_n \leftarrow S_2$ 吸収 …… 85
super-continuum …… 65, 68, 69
$T_n \leftarrow T_1$ 吸収 …… 23, 74

【ア行】

アニオンラジカル …… 27
アバランシェフォトダイオード… 116
イオンラジカル …… 26
一次過程 …… 35
異方性 …… 79

【カ行】

回帰分析 …… 35
拡散反射 …… 107
拡散律速速度定数 …… 24, 25, 54
カシャの法則 …… 19
カチオンラジカル …… 27
過渡吸光度 …… 11, 70
過渡吸収二色性 …… 75
過渡吸収マッピング像 …… 121
過渡複屈折 …… 75, 82
クベルカ・ムンク変換 …… 108
グローバル解析 …… 43
群速度分散 …… 71
蛍光 …… 22
蛍光収量 …… 21
蛍光寿命 …… 21
蛍光状態 …… 21
蛍光輻射過程 …… 21
ケモメトリックス …… 44
顕微過渡吸収測定 …… 114
光学カー効果 …… 72
光学遅延台 …… 66
項間交差 …… 22
高空間分解イメージング …… 120
光電子増倍管 …… 8, 48
後方散乱光 …… 117

【サ行】

最小二乗法 …… 35, 43
最低三重項状態 …… 21
最低電子励起状態 …… 19
最低励起一重項状態 …… 22
三重項–三重項消滅過程 …… 25
三重項励起エネルギー移動 …… 25
時間原点 …… 70
時間分解 X 線回折・散乱法 …… 123
時間分解ラマン分光 …… 99
自然寿命 …… 21
自然放出 …… 23

シュテルン-フォルマープロット … 28
消光剤 … 27
振動緩和 … 84
振動緩和過程 … 20
振動縦緩和 … 42
振動余剰エネルギー … 86
遷移モーメント … 80
増感反応 … 25

【タ行】

ダーク信号 … 50
多変量解析法 … 44
単一分子超高速分光 … 127
逐次 2 光子イオン化 … 29
デジタルディレイ … 50
電荷移動錯体 … 28, 91
電荷再結合 … 92
電子状態緩和 … 84
電子分極 … 82
同時 2 光子吸収 … 31

【ナ行】

内部フィルター効果 … 15, 29, 30, 70
二次反応 … 14, 25, 35, 47, 55

【ハ行】

配向分極 … 82
パルスレーザー … 6
光検出装置 … 8
光誘起電子移動反応 … 26
非共鳴同時 2 光子吸収 … 88
ビラジカル中間体 … 59
フォトダイオード … 48
フォトニック結晶ファイバ … 115
フラッシュホトリシス法 … 1
分極緩和過程 … 82
分子内振動再分配過程 … 20
ヘテロダイン法 … 78
ホモダイン条件 … 78
ホール移動 … 92

【マ行】

無輻射過程 … 21
迷光 … 16
モニター光源 … 8
モル吸光係数 … 12, 31

【ヤ行】

ヤブロンスキー図 … 18
誘導放出 … 23

【ラ行】

ラインセンサー … 10, 69
ラジカル解離過程 … 94
ランベルト・ベールの式 … 11, 28
リプト法 … 62
量子ビート … 101
燐光 … 21
燐光寿命 … 22
燐光状態 … 21
励起一重項 … 19
励起光源 … 5
励起三重項状態間の消滅過程 … 22
励起子消滅過程 … 40
励起フランク-コンドン状態 … 19

〔著者紹介〕

宮坂　博（みやさか　ひろし）

1985年　大阪大学大学院基礎工学研究科化学系専攻 博士後期課程修了
現　在　大阪大学大学院基礎工学研究科物質創成専攻 教授，工学博士
専　門　光化学，物理化学

五月女　光（そうとめ　ひかる）

2015年　東北大学大学院理学研究科化学専攻 博士後期課程修了
現　在　大阪大学大学院基礎工学研究科物質創成専攻 助教，博士（理学）
専　門　光化学，物理化学

石橋千英（いしばし　ゆきひで）

2008年　大阪大学大学院基礎工学研究科物質創成専攻 博士後期課程修了
現　在　愛媛大学大学院理工学研究科物質生命工学専攻 講師，博士（理学）
専　門　光化学，物理化学

化学の要点シリーズ　42　*Essentials in Chemistry 42*

パルスレーザーによる化学反応の時間分解計測——過渡吸収測定

Time-Resolved Measurements of Chemical Reaction Process:
Transient Absorption Spectroscopy

2023年 4 月15日　初版 1 刷発行

著　者　宮坂 博・五月女 光・石橋千英

編　集　日本化学会　©2023

発行者　南條光章

発行所　**共立出版株式会社**

［URL］　www.kyoritsu-pub.co.jp

〒112-0006 東京都文京区小日向4-6-19　電話 03-3947-2511（代表）

振替口座　00110-2-57035

印　刷　藤原印刷

製　本　協栄製本

printed in Japan

検印廃止

NDC　431.51, 425.5, 433.5

ISBN 978-4-320-04483-8

一般社団法人
自然科学書協会
会員